通辽主要林业有害生物防治技术

TONGLIAO MAIN FOREST PEST CONTROL TECHNOLOGY

主　编　那顺勿日图　赵胜国　吴秀花　敖特根　杜艳红

哈爾濱工業大學出版社
HARBIN INSTITUTE OF TECHNOLOGY PRESS

内 容 简 介

本书分为三篇。第一篇为通辽现有的国家检疫性林业有害生物及传入危险性极大的检疫性林业有害生物的防治技术，收录了 6 种重大林业有害生物的防治技术。第二篇为通辽主要发生的林业有害生物的防治技术，收录了 19 种发生面积大、危害严重的林业有害生物的防治技术。第三篇为通辽果树经济林主要病虫害的防治技术，收录了 14 种主要危害果树经济林的病虫害防治技术。

本书主要面向通辽市林业工作者、基层林业经营者、基层林业技术人员、林果生产经营者、护林员及从事林业有害生物监测、检疫、防治工作人员，力图做到图文并茂、简洁扼要、通俗易懂、阅读简便，注重实用性和针对性，致力服务于林业生产实际工作。

图书在版编目（CIP）数据

通辽主要林业有害生物防治技术 / 那顺勿日图等主编. —哈尔滨：哈尔滨工业大学出版社，2022.4

ISBN 978-7-5603-9860-0

Ⅰ. ①通… Ⅱ. ①那… Ⅲ. ①森林害虫—病虫害防治—通辽 Ⅳ. ①S763.3

中国版本图书馆 CIP 数据核字（2021）第 258554 号

策划编辑　王桂芝
责任编辑　王桂芝　王　爽
出版发行　哈尔滨工业大学出版社
社　　址　哈尔滨市南岗区复华四道街 10 号　邮编 150006
传　　真　0451-86414749
网　　址　http://hitpress.hit.edu.cn
印　　刷　哈尔滨市石桥印务有限公司
开　　本　787 mm×1 092 mm　1/16　印张 13.5　字数 240 千字
版　　次　2022 年 4 月第 1 版　2022 年 4 月第 1 次印刷
书　　号　ISBN 978-7-5603-9860-0
定　　价　178.00 元

编 委 会

前　言

林业有害生物引发的灾害是一种严重的自然灾害，有“不冒烟的森林火灾”之称。猖獗的林业有害生物灾害对森林资源、生态安全和社会文明建设构成了严重威胁。林业有害生物防治是保护森林、维系生态的基础性保障工作。

通辽地处内蒙古自治区东部、松辽平原西端、科尔沁草原腹地，属大陆性季风气候，半湿润半干旱地区，森林、疏林草原、草原、荒漠均有分布，森林植被类型多样，物种资源丰富。本土林业有害生物种类繁多、分布广泛，部分林业有害生物对当地森林资源造成了严重危害，全市年发生林业有害生物种类30多种，年均发生面积6.7万公顷左右。同时，通辽市位于东北与华北交汇地带，属交通枢纽地区，人员流动、货物交易频繁，物流发达，外来林业有害生物传入危险性不断增大。已有美国白蛾、红脂大小蠹、松树蜂等外来林业有害生物对森林资源和生态建设造成了一定的危害。因此，认识掌握林业有害生物的发生、发展、危害规律，有针对性地开展林业有害生物防治，成为保障林业生态建设健康发展的重要工作。

为了贯彻落实“预防为主、科学治理、依法监管、强化责任”的防治方针，更好地为当地林业有害生物防治工作提供指导服务，编者在多年工作经验基础上，对通辽主要林业有害生物发生规律、危害特点等进行了进一步的观察、调查、研究和筛选，编写了本书。本书收录了通辽已有的国家检疫性林业有害生物4种、传入危险较大的检疫性林业有害生物2种、本土主要林业有害生物19种、果树经济林有害生物14种。在本书编写过程中，力图做到图文并茂、直观实用、通俗扼要、便于掌握。本书可供广大林业工作者、果树从业者、林业有害生物监测、检疫、防治人员、林果业技术服务人员和基层护林人员等参考使用，也可作为乡村振兴战略、新农村牧区建设的科普材料。

本书的编写得到了中央财政林业和草原科技推广示范项目“红脂大小蠹综合防控技术推广示范项目”（编号：内林草科推〔2021〕04号）的资金资助。在本书编写过程中，得到了郑州果树研究所陈汉杰教授、周增强教授，国家林业和草原局林草防治总站陈国发教授，北京林业大学石娟教授、任利利教授等的帮助，在此表达深深的谢意。本书还参考了相关书籍和论文著作，在此对相关原创人员表达真诚的感谢。

由于编者水平有限，书中难免存在不足之处，敬请读者批评指正。

编　者

2022 年 3 月

目　　录

第一篇　检疫性林业有害生物

第一篇　检疫性林业有害生物

本篇主要收录了通辽市已有的 3 种国家检疫性林业有害生物（美国白蛾、红脂大小蠹、杨干象），1 种国家进出口检疫检验局检疫性林业有害生物（松树蜂），2 种传入危险性极大的检疫性林业有害生物（松材线虫病、苹果蠹蛾）及其防治技术。

第一章　美国白蛾

美国白蛾（*Hyphantria cunea* Drury），属鳞翅目（Lepidoptera）、灯蛾科（Arctiidae），又名秋幕毛虫、秋幕蛾、美国白灯蛾，是世界性的检疫有害生物。我国每年都公布美国白蛾疫区，通辽科尔沁左翼后旗（简称科左后旗）、科尔沁左翼中旗（简称科左中旗）分别在2016年、2019年被公布为美国白蛾疫区。库伦旗、奈曼旗、霍林郭勒市都曾诱捕到美国白蛾成虫。美国白蛾已经成为通辽地区主要外来林业有害生物。

第一节　美国白蛾发生分布情况

一、国外美国白蛾发生分布情况

美国白蛾原产于北美洲，1940年美国白蛾在欧洲首次被发现于匈牙利首都布达佩斯附近的一个岛屿，1945年从美国传入日本，1958年传入韩国，1961年侵入到朝鲜。1979年在我国辽宁省丹东市首次被发现。目前在美洲、欧洲、亚洲的22个国家均有分布，其中美洲4个国家，欧洲11个国家，亚洲7个国家。

二、国内美国白蛾发生分布情况

美国白蛾在我国扩散蔓延的总体趋势是由沿海向内陆发展：1979年辽宁丹东—1981年山东荣成—1984年陕西武功—1989年河北秦皇岛—1994年上海—1995年天津—2003年北京—2008年河南濮阳—2010年吉林省—2011年江苏连云港—2012年安徽芜湖—2015年内蒙古通辽。

国家林业和草原局2020年第3号公告显示，目前我国有9个省（河北省、辽宁省、吉林省、江苏省、安徽省、山东省、河南省、湖北省、陕西省）、3个直辖市（北京、天津、上海）、1个自治区（内蒙古自治区）共计13个省级疫区，599个县级行政区都有美国白蛾发生。

2011年7月26日在通辽市科左后旗金宝屯镇悬挂的性信息素诱捕器上首次诱捕到美国白蛾成虫，2013年在库伦旗、奈曼旗、科左中旗，2014年在霍林郭勒市诱捕到美国白蛾成虫。2015 年 8 月 27 日在科左后旗常胜镇、查日苏镇、散都苏木的糖槭树上首次发现美国白蛾越冬代幼虫网幕。2015—2020 年美国白蛾幼虫累计发生危害面积达 10 779.8 hm^2。

第二节　美国白蛾发生危害特点与生物学特性

一、发生危害特点

美国白蛾食性杂，寄主植物可达 300 多种，几乎包含了林木、果树、农作物等木本、草本植物，但通辽地区的美国白蛾喜食糖槭、榆树、柳树、玉米、蔬菜等。低龄幼虫群集取食，在网幕内取食寄主的叶肉，受害叶片仅留叶脉和上表皮，呈白膜状而枯黄（图 1.1）。老熟幼虫食叶，受害叶片呈缺刻和孔洞，严重时树木成光杆，林相残破，直接影响城乡环境绿化美化，给林业生产造成重大损失。老熟幼虫下树寻找老树皮、砖头瓦块等温暖潮湿的地方化蛹，化蛹时老熟幼虫在地面、墙头、房檐、屋内等地到处爬行，严重影响居民生产生活。

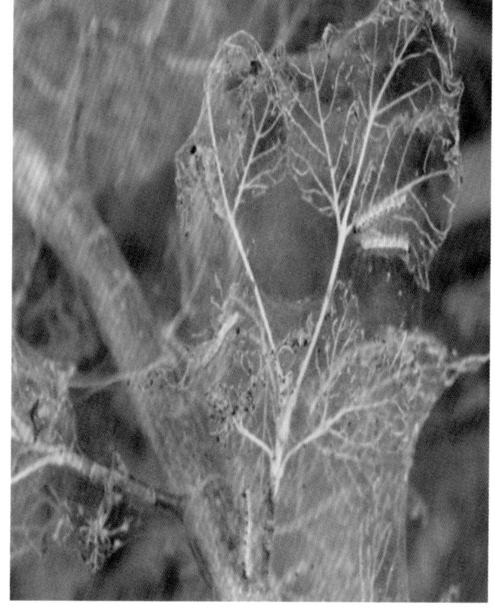

图 1.1　美国白蛾危害状

美国白蛾喜生活于温暖、阳光充足的地方，第 1 代幼虫多发生在树冠下部外围，第 2 代转移到树冠上部危害。美国白蛾具有趋光、趋味、喜食特性，对气味敏感，特别是对腥、香、臭味最敏感，一般在城乡结合部、村庄、厕所、臭水坑、畜禽养殖场、屠宰场等脏乱差地区发生。

幼虫耐饥饿性极强，大龄幼虫不取食 8～15 d 仍可存活，这一习性使美国白蛾很容易随货物或包装物的运输或附在交通工具上传到异地，远距离传播或跳跃式传播能力极强。

美国白蛾繁殖量大，成虫产卵量 730～908 粒，平均产卵量 820 粒左右。南方每年发生 3～4 代，1 对成虫年繁殖量达到上亿头只；在北方每年发生 2～3 代，一对成虫繁殖量也达到几千万头只，暴发性强。

二、形态特征

成虫：下唇须小，侧面呈黑色。喙短而弱。前足基节、腿节橘黄色，胫节及跗节大部黑色。前足胫节端有一对短齿，一个长而弯，另一个短而直，后足胫节缺中距，仅有一对端距（图 1.2）。雌蛾体长 9.5～15 mm，翅展 30～42 mm，体白色。雄蛾体长 9.0～13.5 mm，翅展 25.0～36.5 mm。雄蛾前翅从无斑到有浓密的褐色斑，后翅斑点少。雌蛾前、后翅白色无斑点。雌蛾触角锯齿状，褐色，复眼黑褐色，无光泽，半球形，大而突出。雄蛾触角腹面黑褐色，双栉齿状，复眼稍大于雌蛾。

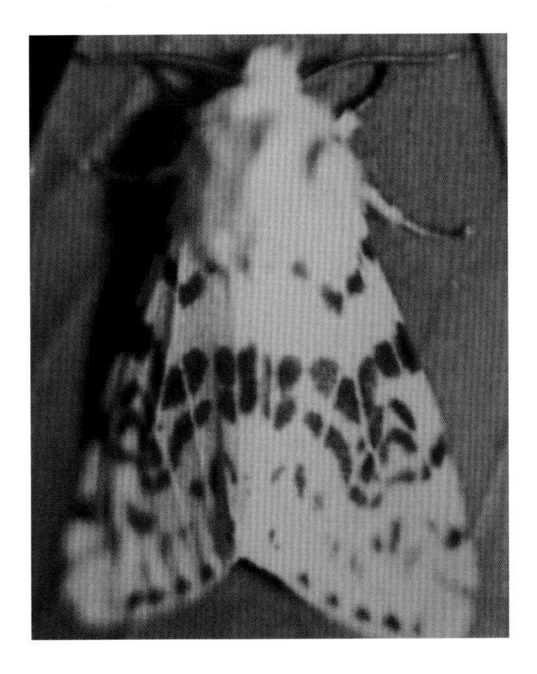

图 1.2　美国白蛾成虫/雄（左）、雌（右）

卵：近球形，直径 0.5～0.53 mm，表面具有许多规则的小刻点，初产的卵淡绿色或黄绿色，有光泽，后变成灰绿色，近孵化时呈灰褐色，顶部呈黑褐色。卵产在叶背面，呈单层排列，表面覆有雌蛾腹部脱落的毛和鳞片，呈白色（图 1.3）。

图 1.3　美国白蛾成虫产卵

幼虫：幼虫头黑色具光泽。初孵幼虫一般头宽约 0.3 mm，体长 1.8～2.8 mm，体黄绿色或淡绿色。2 龄幼虫头宽 0.5～0.6 mm，体长 2.8～4.2 mm，色泽与 1 龄幼虫大体相同，腹部趾钩始现。3 龄幼虫头宽 0.8～0.9 mm，体长 4.0～8.5 mm，胴部淡黄色，胸部背面具 2 行大的毛瘤，各毛瘤变得显著发达，腹足趾钩单序异形中带。4 龄以上的幼虫同老熟幼虫。老熟幼虫背部有 1 条黑色宽纵带，各体节毛瘤发达，毛瘤上着生白色或灰白色杂黑色及褐色长刚毛的毛丛，腹面黄褐色或浅灰色（图 1.4）。

蛹：体长 9.0～12 mm，宽 3.3～4.5 mm。初淡黄色，后变橙色、褐色、暗红褐色。前胸、后胸具中央隆脊，中胸退化。第 5～7 节腹节沿前缘具一凸缘，并具光滑和浅色的深沟。臀棘 8～17 根，每根棘端部膨大，末端凹入，长度几乎相等。蛹外包裹着稀松的混以幼虫体毛的薄茧，呈灰白色，椭圆形（图 1.5）。

图 1.4　美国白蛾各龄幼虫

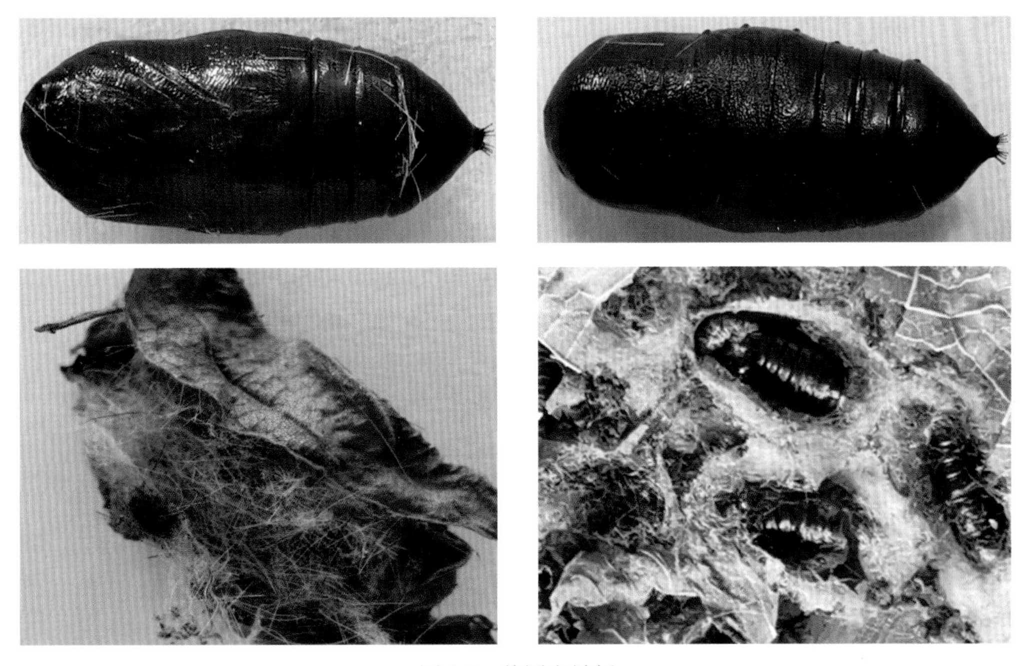

图 1.5　美国白蛾蛹

三、生物学特性

美国白蛾在通辽市发生完整 2 代，以蛹在墙缝、砖瓦堆、树皮缝和杂草枯枝落叶层中越冬。美国白蛾为完全变态昆虫，各虫态和各发育阶段均表现出一定的特殊性，常出现世代重叠现象。越冬代成虫一般于 5 月上中旬始见，始盛期、高峰期为 6 月上旬，盛末期为 6 月下旬，越冬代成虫持续期 28 d 左右；第 1 代成虫始见期为 7 月上旬，始盛期、高峰期为 7 月下旬，盛末期为 7 月末。越冬代成虫的卵期为 5 月中旬到 5 月末；卵期到幼虫孵化历期为 7 d；第 1 代幼虫最早于 5 月末出现，6 月末为第 1 代幼虫网幕高峰期；老熟幼虫于 6 月末～7 月初下树化蛹，越夏蛹历期 20 d 左右；7 月中下旬第 1 代成虫开始羽化，7 月下旬达到羽化高峰期；成虫羽化 1～3 d 后产卵，7 月末开始出现初孵幼虫，8 月中旬为网幕高峰期；8 月中旬到 9 月上旬老熟幼虫开始寻找合适越冬场所下树化蛹并越冬。2020 年美国白蛾年生活史（通辽市科尔沁左翼后旗国家级中心测报点）见表 1.1，2013—2020 年通辽市美国白蛾各虫态出现日期见表 1.2，通辽市美国白蛾各虫态发生时期见表 1.3。

表 1.1　2020 年美国白蛾年生活史（通辽市科左后旗国家级中心测报点）

虫态	4月			5月			6月			7月			8月			9月		
	上旬	中旬	下旬	上旬	中旬	下旬	上旬	中旬	下旬	上旬	中旬	下旬	上旬	中旬	下旬	上旬	中旬	下旬
越冬代卵				⊕	⊕	⊕												
第 1 代卵												⊕	⊕					
第 1 代幼虫						■	■											
第 2 代幼虫										■	■	■	■	■				
越夏蛹									△	△	△	△						
越冬蛹														△	△	△	△	△
越冬代成虫				●	●	●	●	●										
第 1 代成虫												●						

注：■幼虫；△蛹；●成虫；⊕ 越冬卵。

表 1.2　2013—2020 年通辽市美国白蛾各虫态出现日期

年	成虫		卵		幼虫		蛹	
	越冬代	第 1 代	越冬代	第 1 代	第 1 代	第 2 代	越夏蛹	越冬蛹
2013	6.4	7.25	—	—	—	—	—	—
2014	6.16	7.23	—	—	—	—	—	—
2015	5.24	7.27	5.26	7.29	6.2	8.4	7.11	8.15
2016	5.24	7.27	5.25	8.2	6.1	8.9	7.29	9.22
2017	5.8	7.26	5.10	7.28	5.17	8.3	6.25	9.13
2018	5.17	7.21	5.19	7.23	5.26	7.30	7.4	9.8
2019	5.8	7.22	5.10	7.28	5.17	8.3	6.25	9.13
2020	5.27	7.8	5.30	7.22	6.3	7.29	7.7	8.25

表 1.3　通辽市美国白蛾各虫态发生时期

世代	虫态	发生时期
越冬代	成虫	5 月 8 日～6 月 16 日
	卵	5 月 10 日～6 月 26 日
	幼虫	5 月 20 日～6 月 24 日
	蛹	6 月 25 日～7 月 29 日
第 1 代	成虫	7 月 8 日～8 月 10 日
	卵	7 月 23 日～8 月 2 日
	幼虫	7 月 9 日～8 月 17 日
	蛹	8 月 15 日～翌年 5 月

成虫：越冬代成虫期为 5 月上旬～6 月中旬，第 1 代成虫期为 7 月上旬～8 月上旬。蛹雌雄比接近 1∶1。成虫喜夜间活动，飞翔能力不强，雌成虫趋光性较弱，雄成虫趋光性较强。成虫羽化时段多集中在下午到傍晚时分，从展翅到飞翔历时 2 h，成虫羽化后 1～3 d 后交尾产卵，雌成虫产完卵后将体毛覆盖在卵块上，静伏于卵块上死亡，但受惊仍可

飞翔，飞翔距离 1 m 左右。成虫产卵多发生在夜晚到凌晨，第 1 代成虫产卵量为 730～908 粒，平均产卵量为 820 粒左右（图 1.6）。

图 1.6　成虫交尾

卵：第 1 代卵期为 5 月上旬～6 月下旬，第 2 代卵期为 7 月下旬～8 月上旬。成虫产卵多产于叶背面，单层，绿色（图 1.7）。越冬代成虫多产卵于树冠中下部外围，卵期 13 d 左右；第 1 代成虫多产卵于树冠中上部外围，卵期 7 d 左右。卵的发育起始温度为 12.78 ℃。第 1 代卵的孵化率平均为 85%左右，第 2 代卵的孵化率平均为 94%左右。

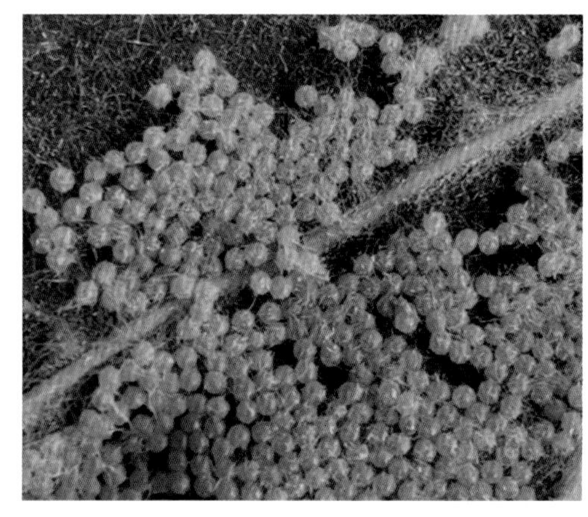

图 1.7　美国白蛾产于叶片背面的卵

幼虫：第 1 代幼虫期为 5 月下旬～6 月下旬，第 2 代幼虫期为 7 月上旬～8 月中、下旬。幼虫发育的最适温度为 24～26 ℃，相对湿度为 70%～80%。幼虫在网幕中生活时间很长，约占整个幼虫期的 60%。幼虫 5 龄后开始破网分散取食，进入暴食期，暴食期到化蛹前的累计取食量可占总取食量的 80%以上。网幕内平均幼虫数为 114 头（图 1.8、图 1.9）。

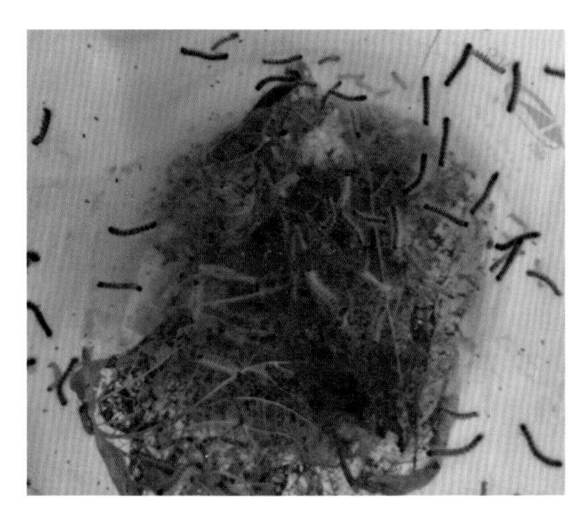

图 1.8　二龄幼虫

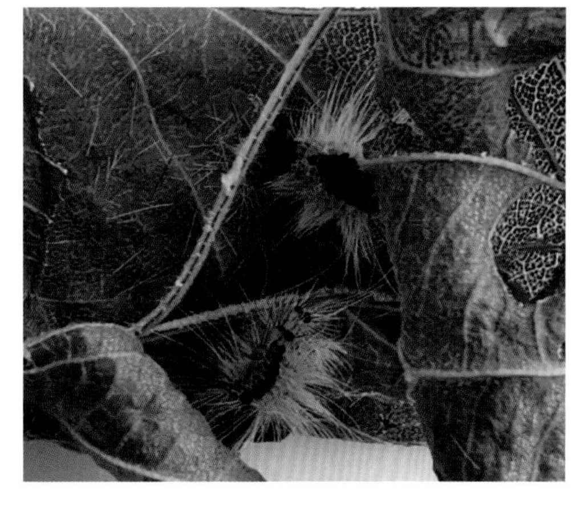

图 1.9　幼虫蜕下的皮

蛹：越夏蛹期为 6 月下旬～7 月下旬，越冬蛹从 8 月中下旬化蛹，第二年 5 月初开始羽化。雌雄比为 1∶0.98，天敌寄生率为 12%。越夏蛹的羽化率为 73.07%，初蛹为淡黄色，然后逐渐变深，最后变为红黑色，历期 28 d。在自然条件下，受气候与天敌的影响，蛹期的自然死亡率较高，尤其是越冬蛹。据观察，美国白蛾在老树皮下、砖瓦乱石堆中越冬蛹死亡率为 90%以上。

第三节　美国白蛾防治技术

美国白蛾繁殖量大，发生期长，发生地点复杂，防治难度比较大。因此，要采取人工物理、化学、生物相结合，地面、空中相配合的综合防治措施，尽力做到全覆盖、无死角。

一、人工物理防治

1. 人工挖蛹

美国白蛾化蛹场所主要在老树皮缝隙、墙裂缝、砖瓦块及枯枝落叶下等温暖潮湿地方，且化蛹比较集中。在越冬、越夏时期，组织人员在这些地方寻找挖蛹，将捡到的蛹集中深埋，埋深达到 50 cm 以上。挖蛹深埋可有效降低美国白蛾虫口基数，有较好的防治效果。

2. 灯光诱杀

每年的 5 月上旬～6 月中旬、 7 月上旬～8 月上旬，在美国白蛾发生村屯，悬挂杀虫灯诱杀羽化成虫。频振式杀虫灯悬挂高度为 1.5～2.0 m，灯与灯的间隔距离 100 m 为宜，每天 19∶30 至次日 05∶00 时开灯（图 1.10）。

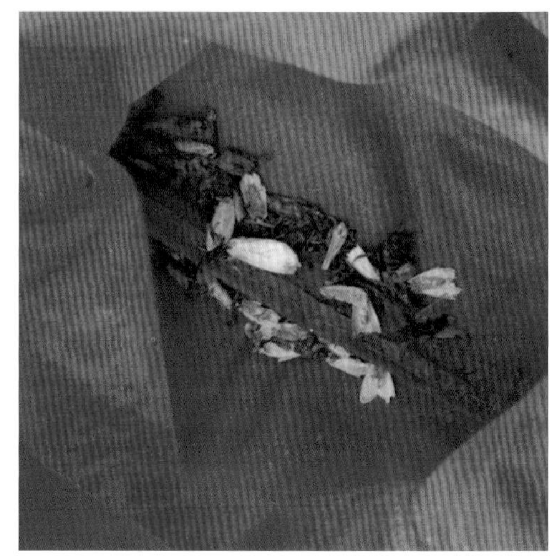

图 1.10　灯光诱杀

3. 人工剪网幕

美国白蛾 1～4 龄幼虫有群集、吐丝结网缀食叶片的习性，危害时树冠上网幕状明显。因此，在 5 月上旬～6 月上旬、7 月上旬～8 月上旬，人工剪除网幕，可以达到直接防治目的（图 1.11）。第一代幼虫一般在树冠下部外围结网危害，因此，人工剪除网幕特别适合第一代幼虫防治。具体操作中要把握幼虫 4 龄前时机，每隔 2～3 d 仔细查找一遍美国白蛾幼虫网幕，发现网幕可用高枝剪将网幕连同树枝一起剪下。剪网幕时特别注意不造成网幕破坏，以免幼虫漏出。剪下的网幕必须立即集中烧毁或深埋，散落地上的幼虫应立即除治。

图 1.11　人工剪除网幕

4. 草把诱蛹

利用美国白蛾老熟幼虫沿树干下树寻找化蛹场所的习性，于6月下旬、8月下旬老熟幼虫化蛹前，在被害树干离地面80～100 cm的部位，绑上用谷草、麦秸、杂草或草帘制作的草把，草把上松下紧，成喇叭状，诱集幼虫在草把中化蛹。根据虫口密度更换草把，一般每隔7 d换一次草把，将换下来的草把集中销毁，一直到老熟幼虫化蛹期结束为止（图1.12）。

图 1.12　绑草把诱蛹

5. 绑毒绳

6月下旬、8月下旬老熟幼虫下树化蛹前，在树干离地面80～130 cm处，捆扎3道毒绳，触杀下树老熟幼虫。毒绳制作方法为：溴氰菊酯＋柴油（1∶5比例）配制药液，把纸绳浸泡在药液中24～72 h。捆扎毒绳人员要穿戴好防护服、眼镜、手套，注意个人防护（图1.13）。

图 1.13　绑毒绳防治

二、喷药防治

喷药防治主要在人工物理防治基础上，在第2代幼虫破网前后进行。

1. 地面喷药

喷药地点：主要在发生美国白蛾危害的村屯。

喷药时间：第 2 代幼虫破网前后喷药，具体时间根据实际情况确定，一般在 8 月中下旬为宜（图 1.14）。

图 1.14 地面机械喷药

喷药器械：主要有车载式高压喷雾机、背负式喷雾器、手推式喷雾机、担架式喷雾器、电动喷雾器等。喷药时根据实际情况选择适宜的喷药器械。车载式高压喷雾机主要用于道路防护林的防治；背负式喷雾器、电动喷雾器主要用于较低矮的树木、农作物的防治；手推式喷雾机、担架式喷雾器主要用于农家庭院和高大树木防治。

药剂选择：主要以对环境和人、畜无害的仿生、生物、植物性杀虫剂为主。常用的药剂及使用浓度为：20 亿 PIB 甘蓝夜蛾核型多角体病毒悬浮剂 1 000 倍液，8 000 IU 苏云金杆菌油悬浮剂 600 倍液，5%灭幼脲III号悬浮剂 2 000 倍液，6%甲维杀铃脲悬浮剂 2 000 倍液，3%甲氨基阿维菌素苯甲酸盐 2 000 倍液，杀铃脲 2 000 倍液，苦参碱、苦参烟 2 000 倍液，除虫脲 4 000 倍液，核型多角体病毒 100 倍液等。

2. 无人机喷药

喷药地点：适宜防治发生面积 500 亩[①] 以下的地区。

注：1 亩≈0.066 7 公顷，本书根据生产实际需要以亩为土地面积的计量单位。

无人机机型：大疆无人机、极飞无人机、神鹰无人机等。

飞行时间、药剂选择、作业准备等均可参照飞机喷药相关要求。

无人机喷药具有灵活机动、运输方便、操作简单、后勤保障简便、防治性价比高等特点，是美国白蛾防治的比较先进的技术手段，应用前景广阔（图 1.15）。

图 1.15　无人机喷药

3.飞机喷药

喷药地点：村屯以外发生美国白蛾危害的大面积片林、绿色通道等地。

飞机机型：主要有 R44 直升机、S300 型直升机、蜜蜂轻型飞机、运五固定翼飞机和神鹰 200、300 型固定翼飞机等。

飞行时间：一般选择在上午 5～9 时、下午 16～19 时。

药剂选择：参照前述地面喷药药剂，浓度一般使用原药加 10%的水，每架次加盐 1 kg，增加沉降率和附着力。

飞防作业前要做好 GPS 定点、确定飞机起降点、发布飞防公告、审核实施方案，并与飞防公司、监管公司签订好飞防合同。

三、天敌防治

天敌防治与喷药防治相比，具有防治靶标专一、控制时间长、有利于保护生态等优点，也是未来主要推广应用的防治方法。在美国白蛾防治中大量应用的主要有周氏啮小蜂，是美国白蛾蛹的寄生天敌（图 1.16）。

图 1.16　周氏啮小蜂防治

放蜂时期：放蜂时间是天敌防治的关键。一般在美国白蛾老熟幼虫期和化蛹初期的田间放周氏啮小蜂。具体时间为 6 月下旬～7 月上旬、8 月下旬～9 月上旬。

放蜂条件：选择美国白蛾低虫口密度地区放蜂，效果比较好。

放蜂数量：根据美国白蛾虫口基数来确定放蜂数量，一般周氏啮小蜂与美国白蛾幼虫比例为（3～5）∶1。

放蜂方法：一般选择在晴天上午 9～10 时放蜂。放蜂时把繁殖周氏啮小蜂的蚕茧用细铁丝挂在靠近树干的树枝上，或用图钉固定在树干上即可。

四、诱捕器防治

美国白蛾性信息素诱捕器防治具有专一、环保、安全、经济等特点。性信息素吸引雄成虫飞向诱捕器，进入诱捕器内无法飞出，被诱捕器捕捉，从而降低雄虫与雌虫交尾产卵机会，降低繁殖数量和虫口密度。在低虫口密度地区利用诱捕器防治具有较好的防治效果。

根据各代羽化期，在通辽地区 5 月上旬至下旬在树冠下部外围 2 m 左右、7 月中旬至 8 月中旬在树冠中上部 3 m 以上部位悬挂美国白蛾诱捕器，诱捕器内放入适量药液或洗衣粉水，可增强捕捉效果。诱捕器间隔距离 200 m 为宜。可以利用 1 个诱捕器，更换 2 次诱芯以节约成本。每隔 3～5 d，将收集诱捕到的成虫，统计数量后消杀即可（图 1.17）。

图 1.17 诱捕器防治

第四节 美国白蛾监测技术

一、监测调查地点和时间

1. 监测调查地点

通辽市科左后旗、科左中旗被国家公布为美国白蛾疫区，通辽市全域均为美国白蛾监测调查地区。监测调查重点地点有：

（1）发生美国白蛾危害的乡镇：苏木、嘎查村。

（2）连续多年诱捕到成虫的乡镇：苏木、嘎查村。

（3）发生区临近的乡镇：苏木、嘎查村。

（4）与发生区有货物运输来往的车站、旅游点、货物集散地附近。

（5）村屯、城镇、机关单位、公路、铁路、房前屋后、院落、脏乱差地方的美国白蛾喜食树种上。

2. 监测调查时间

美国白蛾在通辽市 1 年发生 2 代。越冬代成虫发生在 5 月上中旬，第一代成虫发生在 7 月中旬。卵调查时间为每代成虫羽化后。幼虫调查时间为 6 月中下旬、8 月中下旬。越冬、越夏蛹调查时间为各代成虫羽化前。

二、监测调查方法

根据美国白蛾各虫态，选择不同的监测调查方法。

1. 卵监测

美国白蛾雌虫通常将卵产在喜食树种树冠边缘的枝条叶片背面。卵直径 0.4～0.5 mm，约 4 粒/mm^2。统计每块卵数量时用方格纸描出卵块的轮廓，计算出面积，将结果乘以 4 即可得到卵的总数量。通辽地区单个卵块的平均卵量约为 820 粒。

卵的孵化期一般为 8～10 d，通过对卵的孵化情况的监测，调查出卵的孵化期及孵化率。

2. 幼虫监测

美国白蛾幼虫期发生在 6 月中下旬、8 月中下旬，重点调查糖槭、榆树、柳树、白蜡、果树等美国白蛾喜食树种，调查结果填入表 1.4 内。发生面积的统计以村屯居民区发现一个疫点（成虫、网幕）按 10 亩计算，10 亩范围内发现的疫点均包括在内，不重复计算。林木被害程度分为轻、中、重三个等级，其中，有虫（网）株率 0.1%～0.2%为轻度发生（+），有虫（网）株率 2%～5%为中度发生（++），有虫（网）株率 5%为重度发生（+++）。

表 1.4　美国白蛾虫情调查表

调查单位：

地点	调查面积/亩	调查株数/株	有虫株数/株	有虫株率/%	平均虫口密度/（头·株$^{-1}$）	发生面积/亩			
						计	轻	中	重

调查人：　　　　　　　　　　　　调查日期：

3. 蛹期调查

美国白蛾第 1 代老熟幼虫化蛹期一般为 7～20 d。调查越夏、越冬蛹密度，统计蛹活蛹率、死蛹率、死亡率等填入表 1.5。老熟幼虫扩散取食后，陆续沿树干下树寻找隐蔽处化蛹。化蛹场所主要是老树皮下、建筑物或篱笆缝隙、砖头瓦块下、柴草垛下的温暖湿润处（图 1.18、图 1.19）。

表 1.5　美国白蛾蛹调查表

调查地点	总蛹数	活蛹数/头			死蛹数/头			死亡率/%
		小计	雌	雄	小计	寄生	其他	
合计								

调查人：　　　　　　　　　　　　调查时间：

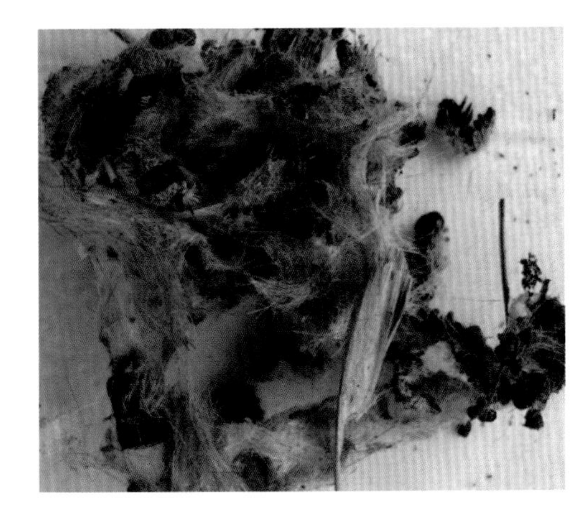

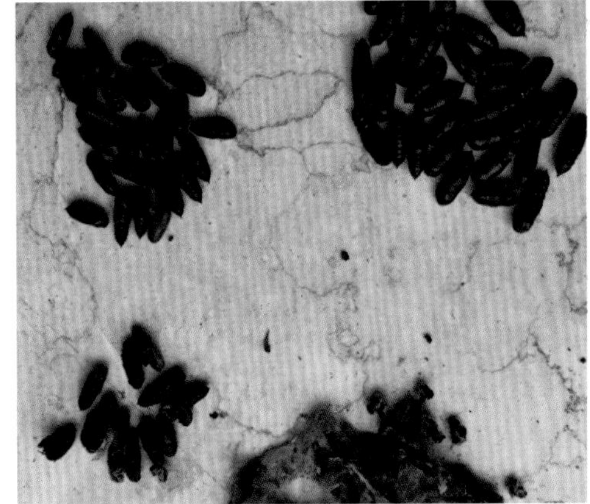

图 1.18　越夏蛹调查

图 1.19　越冬蛹调查

4. 成虫监测

成虫监测可了解发生数量、掌握发生动态、确定发生时间，为及时有效防治打好基础。利用性信息素诱捕器诱捕雄性成虫是成虫监测的比较先进的监测技术。美国白蛾性信息素诱捕器诱捕成虫的最大半径是 400 m，200 m 半径以内诱捕效果最好。诱捕器的设置高度，越冬代成虫期 2 m 左右，第 1 代成虫期 3 m 左右为宜（图 1.20）。成虫羽化期每天早晨检查诱捕雄蛾数量并做好记录，填入表 1.6 内。

图 1.20　悬挂诱捕器

表 1.6　美国白蛾成虫调查表

调查地点：

诱捕器号	诱捕数量/头	备注

调查人：　　　　　　　　　　　　调查日期：

5. 发生期预测

（1）有效积温法。

美国白蛾的起始发育温度为 10 ℃，完成一个世代所需要的有效积温为 885 日度。通过统计分析通辽地区 2016—2019 年的气象资料（通辽市科左后旗气象局提供），这 4 年超过 10 ℃的天数主要集中在 3～11 月，分别为 174 d、176 d、182 d 和 175 d；超过 10 ℃的有效积温分别为 1 728.1 日度、1 743.9 日度、1 761.4 日度和 1 731.1 日度。由此推算出美国白蛾的发生代数分别为 1.95 代、1.97 代、1.99 代和 1.96 代，推算通辽市属于美国白蛾 2 代/年发生区。

（2）发育进度预测法。

发育进度预测法又称历期推算预测法。历期是害虫完成一定的发育阶段所经历的天数。美国白蛾每一发育期是固定的。以 2015 年为例：美国白蛾始见期为 7 月 27 日，始盛期为 7 月 29 日（16%），高峰期为 8 月 4 日（50%），盛末期为 8 月 11 日（84%）。再加上成虫到卵的历期 1～3 d，羽化始盛期 7 月 29 日、羽化高峰期 8 月 4 日加上 1～3 d，推算出卵始盛期为 7 月 30 日～8 月 2 日，卵高峰期为 8 月 5～7 日。卵到幼虫的历期为 11～14 d，推算出幼虫始盛期为 8 月 10～13 日，高峰期为 8 月 16～21 日，为防治美国白蛾第 2 代幼虫的最佳时期。

6. 缓冲区、非疫区监测

缓冲区与疫区相邻、生态环境相近，是美国白蛾传入风险极大的地区。在主要公路、铁路、游客集散地、货物集贸市场附近的脏乱差环境地块，选择美国白蛾喜食树种上悬挂诱捕器，定期观察，严密监测，做到第一时间发现、第一时间处置。

随着社会经济发展，人员流动、货物运输、工程施工等越加频繁，并且美国白蛾传播具有跳跃式远距离传播特点，因此，非疫区监测也必须加强。2014 年霍林郭勒市诱捕到 1 头成虫，说明远距离传播的可能性非常大，应高度重视预防工作，加强常态化监测和定期普查，确保一旦传入能够及时发现、及时除治。

第五节　美国白蛾检疫检验技术

美国白蛾的自然传播，主要靠成虫的飞翔或幼虫的爬行来实现。美国白蛾的远距离传播的主要方式是人为传播，人为传播主要是随物资及交通工具远距离传播蔓延，其特点是一年四季都可发生，以 7、8、9 月最多。

一、产地检疫

1. 种苗繁育基地的检疫调查

种苗繁育基地的检疫调查在 5 月下旬～8 月下旬的美国白蛾危害高峰期进行。种子园、母树林以标准地调查为主，苗圃地以抽样样方调查为主。设立标准地，调查株数不少于 10 株，按树冠上、中、下不同部位，逐株检查。苗木总数不足 100 株的，全部检查（图 1.21）。

图 1.21　苗木检疫

2. 贮木厂及加工、经销场（点）的检疫调查

视疫情发生情况，从楞垛表面抽样或分层抽样调查。对原木、锯材等，按每堆垛（捆）总数或总件数 0.5%～10%抽取，不足 5 m^3 或 3～6 根的，全部检查。重点检查应检物表面、缝隙处有无虫粪、成虫、幼虫、蛹等。

3. 集贸市场的检疫调查

对集贸市场经营可能传带美国白蛾的应检物，按应检物总量的 0.5%～15%抽样检查。小批量的应检物全部检查。

二、调运检疫

1. 检疫范围和方法

根据不同时期，特别是来自疫情发生区的应检物，仔细检查是否带有任何虫态的美国白蛾及排泄物、蜕皮物或被害状、土壤（蛹）。

苗木、砧木、插条、接穗、花卉等繁殖材料，按一批货物总件数抽取 1%～5%，少于 20 株的，应全部检查；生药材，按 1 袋货物总件数抽取 0.5%～5%；原木、锯材及其制品（含半成品）和进境的植物及其产品的再调运，按一批货物总数或总件数抽取 0.5%～10%；散装寄主植株、果实、生药材，按货物总量的 0.5%～5%抽查，果实、生药材少于 1 kg 的，应全部检查；其他怀疑带有美国白蛾的植物及其产品，可参照上述情况办理。按上述比例抽样检查的最低数量不得少于 5 件，不足 5 件的，全部检查；怀疑应检物带有美国白蛾时要扩大抽样数量，抽样数量应不得低于上述规定的上限（图 1.22）。

图 1.22　调运检疫

2. 抽样方法

现场检查散装的寄主植物、果实、苗木、花卉、中药材等时，从应检物中分层取样，直到取完规定的样品数量为止；现场检查原木、锯材时，按抽样比例，视美国白蛾疫情发生情况从楞垛表层或分层抽样检查。抽样比例按照植物及其产品的种类和数量，采取随机抽样方法，抽取一定数量的样品进行现场检验。

（1）将苗木、砧木、插条、接穗等繁殖材料，放在一块 100 cm×100 cm 白布（或塑料布）上，逐株（根）进行检查，仔细观察根、茎、叶、芽等部位是否有美国白蛾的不同虫态。

（2）现场仔细检查枝干、木材、运输工具等外表或树皮裂缝处有无美国白蛾的不同虫态、虫粪等。

（3）用肉眼或借助扩大镜、放大镜直接观察中药材、果品表面有无危害症状（虫孔、虫粪等）。

（4）应检寄主植物及产品、植物性包装材料（含铺垫物、遮荫物、新鲜枝条）及装载植物的容器数量巨大，应进行抽样检查。

3. 复检

对来自疫情发生区及其毗邻地区或途经疫情发生区的应检物怀疑带有美国白蛾时，调入地森检机构须进行检疫。具体方法同调运检疫。

4. 检验鉴定

成虫检疫鉴定依据翅脉、雄性外生殖器和胫节特征（图 1.23）。

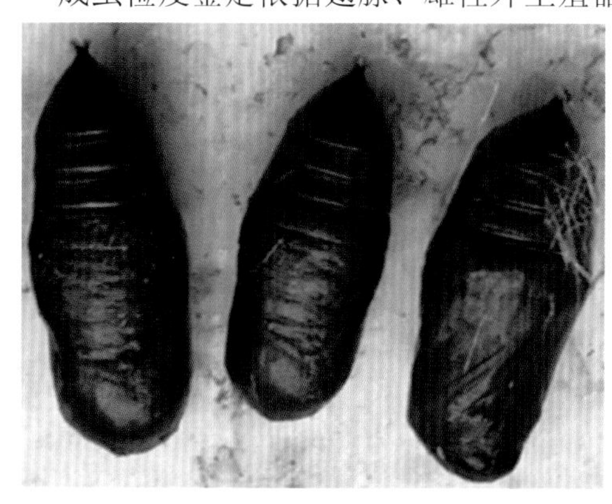
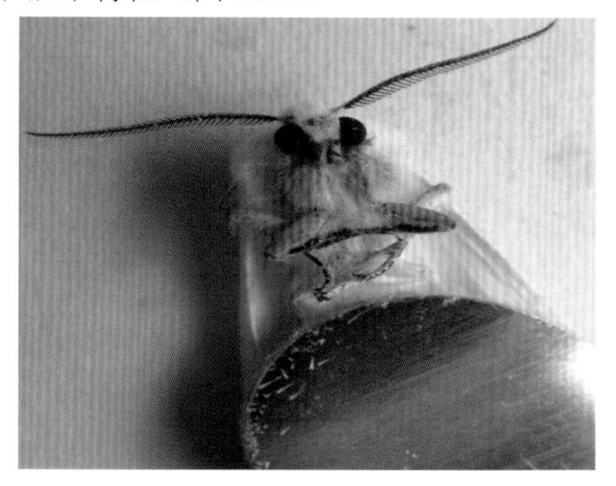

图 1.23　成虫及蛹

（1）翅脉鉴定。后翅 Sc+R1 脉由中室前缘中部发出，Rs 和 M1 脉由中室前角发出，Cu1 脉由中室后角发出。

（2）雄性外生殖器鉴定。雄虫外生殖器的钩形突向腹方作钩状弯曲，基部颇宽；抱握瓣对称，具一发达的中央齿状突；阳茎稍弯，较抱握瓣长得多，顶端有微刺突。

（3）胫节鉴定。前足基节及股节端部橘黄色，胫节有 1 对小刺，一个长而弯，一个短而直；后足胫节有 1 对端距，但无中距。

5. 除害处理

对于来自疫区或疫情发生区的应检物如果发现疫情，应予以销毁，对带虫原木等不能销毁的则采用 56%磷化铝片剂或用硫酰氟熏蒸，用药量分别为 15 g/m^3 和 20 g/m^3，熏蒸时间分别为 72 h 和 24 h。

参考文献

[1] 陈合志. 美国白蛾防治技术[M]. 北京：中国农业科学技术出版社，2009.

[2] 宋玉双. 美国白蛾的综合管理[M]. 哈尔滨：东北林业大学出版社，2015.

[3] 杜艳红，那顺勿日图，白守宁. 通辽地区美国白蛾发生规律及防治对策初探[J]. 林业科技，2020（1）：52-54.

[4] 敖特根，那顺勿日图，白苏拉，等. 美国白蛾发生期观察及其防治技术[J]. 内蒙古林业调查设计，2020（2）：76-78.

第二章　红脂大小蠹

红脂大小蠹（*Dendroctonus valena* LeConte），又名强大小蠹，属鞘翅目（Coleptera）、小蠹科（Scolytidae）、大小蠹属，是我国主要的外来林业入侵害虫，国家检疫性林业有害生物。通辽奈曼旗、库伦旗、科左后旗是其危害发生地。

第一节　红脂大小蠹发生分布情况

一、国内的红脂大小蠹发生情况

红脂大小蠹于20世纪80年代随木材进口传入我国，并不断扩散。1998年山西省沁水、阳城首次发现红脂大小蠹入侵，并暴发成灾，主要蛀干危害油松等松树，造成山西省近1/6的油松林死亡，给当地的林业生产和生态安全造成了严重威胁。1999年河北、山西、河南等省份，太行山地区油松林发生严重疫情。2001年扩散到陕西境内。2005年北京市门头沟西峰寺林场发现该虫，而后相继在清水林场、戒台寺、小龙门等多个区县林地内暴发疫情。2016年辽宁省凌源市、内蒙古赤峰市相继发现了红脂大小蠹，并暴发成灾。目前，红脂大小蠹已经扩散至山西、河南、河北、陕西、北京、辽宁、内蒙古等7个省、自治区、直辖市。

二、内蒙古自治区内的红脂大小蠹发生情况

2016年赤峰市林业有害生物普查中，在喀喇沁旗旺业甸林场古山营林区发现有疑似红脂大小蠹危害油松的症状，经东北林业大学鉴定为我国重要检疫性害虫红脂大小蠹，为内蒙古首次发现和新记录种。2017年系统调查确定红脂大小蠹在全市发生面积为4.6万余亩，受害致死木为2 268株，其中宁城县发生1.9万亩、致死509株，喀喇沁旗发生2.7万亩、致死1 732株。2018年发生区域和面积进一步扩大，包括宁城县、喀喇沁旗、敖汉旗、松山区、元宝山区和红山区等6个旗县区，发生面积达22.8万亩，导致1.2万株油松和樟子松大树死亡，给赤峰市森林资源造成了巨大损失，严重威胁其生态安全。通辽市奈曼旗、库伦旗2018年监测调查时发现该虫，2020年扩散至科左后旗，发生面积

达到 3.1 万亩。2021 年 6 月在霍林郭勒市监测发现红脂大小蠹成虫，通辽市全境均遭受红脂大小蠹潜在危害危险，森林资源与生态安全受到严重威胁。

第二节　红脂大小蠹危害特点与生物学特性

一、发生危害特点

在我国，红脂大小蠹主要危害油松和樟子松，偶见危害白皮松和华山松。在内蒙古，红脂大小蠹危害呈现出了不同的特点。

红脂大小蠹对松属不同树种危害不同。对油松危害最严重，其次是樟子松，还未发现对红松、落叶松属的危害。

红脂大小蠹对不同过火的林木以及周边健康木的危害明显不同。在火烧迹地，第一年红脂大小蠹多危害当年整株过火木，第二年和第三年危害树干过火木，而火烧迹地周边健康木每年均可受到危害，且程度加重。

红脂大小蠹在不同立地类型、林分状况和坡向发生规律明显不同。火烧迹地林木被害率明显高于一般健康林分；火烧迹地，林缘树木的被害率比林内的高；对于健康林分，林缘的被害率明显比林内的高；火烧迹地林分的林缘被害率和林内被害率均远高于健康林分的林缘和林内被害率。

不同林分状况和不同胸径的危害程度不同。在火烧迹地林分，随着胸径的增加，被害率和侵入高度逐渐增加，胸径小于 10 cm 的林木被害率最低，胸径为 20～30 cm 的林木被害率最高。在健康林分，小于 10 cm 和 10～20 cm 胸径林木受害株数少、危害程度轻，20～30 cm 胸径的林木受害株数多、危害程度重。红脂大小蠹危害所有胸径的火烧迹地林木，随着胸径的增加，被害率和侵入高度逐渐增加。

二、形态特征

成虫：身体红褐色，体型较大，雄虫体长 5.3～8.3 mm，平均约 7.3 mm。头部额面凸起，其中有 3 高点，排成品字形，额区具有稀疏的黄色毛，头盖缝明显；口上突宽阔，其基部宽度约占两眼上缘连线宽度的 0.55 以上，口上突两侧臂圆鼓地凸起，而口突表面中部纵向下陷，口突侧臂与水平向夹角约 20°。前胸背板长宽比约为 0.73，前缘稍呈弓形，外缘后部 2/3 近平行，前缘后方中度缢缩，表面平滑有光泽，前胸侧区刻点细小，不甚稠密。鞘翅长宽比为 1.5，翅长与前胸长度之比为 2.2；侧缘前部 2/3 直伸，近平行，尾部圆钝；基缘弓形，具一列 11 或 12 个中等大小、隆起、重叠的锯齿和较小的亚缘齿，尤其在第 2、3 沟间部；鞘翅斜面第 1 沟间部基本不凸起，第 2 沟间部不变狭窄也不凹陷，各沟间部表面均有光泽，沟间部上的刻点较多，在其纵中部刻点凸起呈颗粒状（图 2.1）。

（a）成虫　（b）卵

（c）幼虫　（d）蛹

图 2.1　红脂大小蠹各虫态

雌虫体型稍大，体长 7.5～9.6 mm，平均约 8.28 mm。额中部在复眼上缘高度处有一明显的圆形凸起；前胸背板上的刻点略大；鞘翅上的颗粒和鞘翅中部的锯齿稍大。

卵：圆形至长椭圆形，乳白色，有光泽，长 0.9～1.1 mm，宽 0.4～0.5 mm。卵成堆排列于坑道一侧。

幼虫：蛴螬型，无足，体白色，头部淡黄色，口器褐黑色。老熟时体长平均 11.8 mm，腹部末端有胴痣，上下各具一列刺钩，呈棕褐色，每列有刺钩 3 个，上列刺钩大于下列刺钩。幼虫成群蛀食，没有明显的子坑道。

蛹：体长 6.4～10.5 mm，平均 7.82 mm，翅芽、足、触角贴于体侧，腹部末端有 1 对刺突。蛹初为乳白色，之后渐变浅黄色，直至红褐、暗红色，即羽化为成虫。

三、生物学特性

在内蒙古，红脂大小蠹 1 年发生 1 代，主要以成虫、蛹或老熟幼虫在松树根部和干基部越冬，世代重叠。翌年越冬虫态羽化为成虫后，从树基部羽化孔或直接从土中钻出，扬飞扩散，扬飞期为 4 月下旬到 9 月上旬，扬飞盛期为 5 月下旬到 6 月中上旬。雌成虫首先寻找合适寄主并蛀孔侵入，释放信息素，引诱雄虫进入交配产卵；卵成堆产于坑道一侧，呈复合层次排列，无单个产卵室，卵期为 10～15 d；幼虫孵化后不单独发育，而是群集蛀食韧皮部，形成共同坑道，坑道内充满红褐色细粒状虫粪，幼虫共 4 龄，历期 70～90 d；老熟幼虫在充满蛀屑的树皮及根皮内蛀肾形或椭圆形的单独蛹室化蛹，蛹期为 12 d 左右；初羽化成虫一般在蛹室停留 6～9 d，直到外骨骼硬化，体色由浅红褐色变为红褐色后开始活动。

红脂大小蠹侵入孔主要位于树干基部到 1 m 高，初侵入时，虫粪、木屑和树脂混合物呈鲜红色，一部分排出侵入孔外，形成凝脂，随着时间的延长，由红棕色逐渐变为浅棕色直到灰白色。树干上和干基部的凝脂是野外鉴定识别红脂大小蠹危害的最重要特征。红脂大小蠹和其携带的真菌导致寄主衰弱，之后在其他因素（如其他害虫）的共同作用下，松树系统性枯萎死亡，即老叶先失绿、变黄，最终整株干枯死亡（图 2.2）。

（a）树冠整株枯红　　（b）树干危害状

图 2.2　红脂大小蠹危害状

（c）不同时间和形状的凝脂（上四图为当年侵入孔，下四图为往年侵入孔）

（d）成虫新蛀坑道　　（e）幼虫蛀共同坑道　　（f）蛹室

续图 2.2

第三节　红脂大小蠹防治技术

一、营林措施

加大封山育林力度，严格控制砍伐，逐步改善林分组成结构，定向培育混交林，提高生物多样性和森林生态系统的自控能力。严格控制抚育强度，逐步将同龄林改造成混交林、复层林，提高林分的稳定性。及时处理林内的火烧木、伐桩和松树的伤口等。

二、诱捕器诱杀

成虫扬飞期，在发生区松林的林缘，每隔 50 m 悬挂 1 个诱捕器。诱捕器垂直挂于靠近树干下部，下端距地面 5～10 cm，诱捕器尽量不要直接挂在松树上，以防未落入诱捕器的红脂大小蠹危害。根据诱芯挥发速度，定期更换诱芯。防治结束后，对诱捕器周围的松树进行检查，如有受害木应及时处理（密闭熏蒸等）。

三、活立木密闭熏杀

成虫扬飞末期，对侵入孔较多的寄主树木，将侵入孔以上 10～15 cm 处的树干死皮刮平至裂缝，或用手锯绕树干锯一周凹槽，深至树皮裂缝处（图 2.3）；刨开树干基部 50 cm 以上范围内的土层。将塑料布裁成能绕树干一周的梯形（图 2.4），围绕树干一周，上缘用麻绳嵌入凹槽、或用胶带捆严、或用发泡胶粘死，塑料布连接处用胶带封严，其内地面散放 3～4 片（规格 3.2 g/片）磷化铝片剂（规范包装产品），地面处塑料布边缘距干基至少 50 cm，用土埋严踩实，形成密闭的锥形帐幕，熏杀蛀入危害的成虫和幼虫（图 2.5）。

图 2.3　树干刮皮至裂缝

图 2.4　梯形塑料布

图 2.5　密闭的锥形帐幕

四、虫孔注药

成虫侵入初期，用铁丝等工具将树干侵入孔周围凝脂清除，选用内吸性强或具有熏蒸作用的药剂（如吡虫啉、噻虫啉、苯氧威等），利用高压注射器对树干虫孔注药，每孔注射 5 mL，再用凝脂或湿土将虫孔堵严实。

五、人工捕杀或毒杀

成虫侵入初期，用螺丝刀等工具顺着侵入孔、虫道挖开韧皮部，找到虫卵、幼虫、成虫，将其杀死。或在侵入高峰期过后，用螺丝刀在侵入孔下方 3～5 cm 的树皮上钻一倾斜小孔，把毒扦插入蛀道内或者将 56%磷化铝药丸（规格 0.6 g/丸，规范包装产品）塞入孔中，然后将侵入孔和药孔堵死（图 2.6）。

图 2.6　挖开侵入孔捕杀活虫

六、树干喷药

成虫扬飞期前，在发生虫害严重的林地及其周边林地，用绿色威雷 25 倍液等对寄主树干 1.5 m 以下，以及树干周围半径 2 m 以内的地面封闭喷洒，每隔 40～45 d 重喷 1 次，直到扬飞期结束。

七、饵木饵桩诱杀

每年 4 月中旬于成虫扬飞前，在红脂大小蠹发生林地，选择直径 15～20 cm 的油松，伐根留足 20～30 cm，主干截成 50～60 cm 长的带皮木段制成饵木或饵桩，直立埋于林缘和林中空地，密度为 75～150 根/hm^2，每隔 20 m 设置 1 个，吸引红脂大小蠹成虫侵染。扬飞期结束后，饵木和饵桩用熏蒸等方法处理，杀灭侵染的红脂大小蠹（图 2.7、图 2.8）。

图 2.7　饵桩

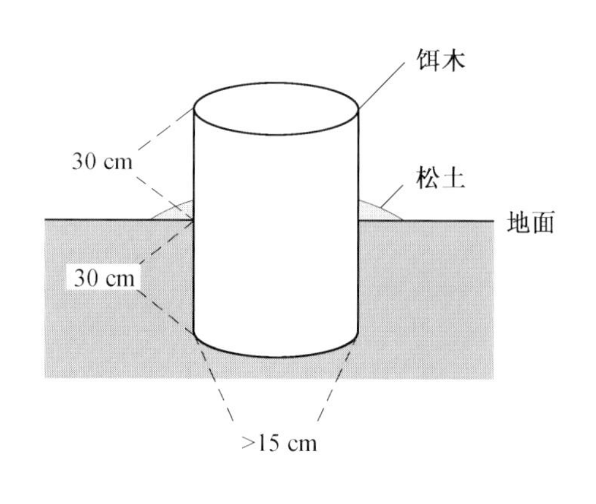

图 2.8　饵木布设方式

八、保护利用天敌

避免对红脂大小蠹天敌的伤害，通过保护越冬场所、增加食料、人工释放等措施增加天敌数量。大唼蜡甲（*Rhizophagus grandis* Gyllenha）和切头郭公虫（*Clerus* sp.）是两种应用前景较好的天敌昆虫。此外，林内留下 1～2 株枯死树可以吸引啄木鸟等天敌。

九、疫木处理

砍伐的寄主树木要全部就地归楞，磷化铝帐幕熏蒸灭疫处理。对伐根采取毒土覆盖或磷化铝熏蒸等方法处理（图 2.9、图 2.10）。也可以采取就地加工的方法，把砍伐的疫木用削片机就地削片，削片规格达到长宽厚小于 3 cm×3 cm×1 cm，装满车后喷洒绿色威雷 300 倍液消杀，封闭运出疫区供生物质电厂或颗粒板加工厂进行利用。

图 2.9　伐桩处理

图 2.10　疫木熏蒸

对伐根采取毒土覆盖或磷化铝熏蒸等方法进行处理。磷化铝熏蒸方法要点是在基本与地面平齐的伐根上覆盖 2 m×2 m 的聚乙烯塑料布，内部放置 2～3 粒磷化铝片，四周用土压实密封，熏蒸时间达到 72 h。

十、伐根晾晒

选择比较平缓的当年火烧迹地，8～9 月份火烧木采伐后，结合造林整地，用钩机将伐根挖出自然晾晒，消杀处理根部准备越冬的虫卵、幼虫、蛹。自然晾晒处理 30 d 后，防治效果达 90%以上；自然晾晒处理 150 d 后，基本不见红脂大小蠹的活虫体。

第四节　红脂大小蠹监测技术

红脂大小蠹是一种钻蛀性害虫，危害隐蔽而症状表现和发现危害滞后。监测工作对红脂大小蠹的防控极为重要，成虫扬飞期是其传播扩散的关键时期，也是监测的关键时期。

监测重点区域为风景名胜区，疫情发生区及毗邻地区，火烧迹地，抚育采伐地，曾从疫区调入原木、带皮伐桩和活体大树的城镇、工矿企业、交通干线附近，贮木场（点），木材集贸市场等。

一、诱捕器监测

在红脂大小蠹成虫扬飞期的 4～10 月份，利用红脂大小蠹植物源引诱剂——诱捕器，在发生区及毗邻地区的松林边缘垂直悬挂诱捕器，下端距地面 5～10 cm（图 2.11）。

图 2.11　诱捕器悬挂

一般每 1 000 m 布设 1 个诱捕器，定期观察统计诱捕器中的害虫，记录引诱到的红脂大小蠹数量，结果填入表 2.1。据此确定其发生范围、发生期、发生量等。

表 2.1　诱捕器监测记录表

地点：　　　　　　　　　　　　　　　记录人：

诱捕器编号	悬挂日期	调查日期	数量/只	备注

二、定期调查

踏查：以油松和樟子松林为主，调查林分边缘 50 m 范围，查看树干上有无红脂大小蠹侵入孔、羽化孔、凝脂，树干基部地面有无风化脱落的红褐色或灰白色颗粒状凝脂。重点调查火烧迹地、当年抚育采伐地松木、伐桩及周边树木和针叶发黄及枯死松树。对疑似受害木，用工具撬开树干或树根部位树皮，查看皮层内是否有红脂大小蠹虫体及被蛀食的坑道痕迹、红褐色虫粪及木屑等。踏查结果填入表 2.2。确定有疫情后，应设置标准地或样地进行详细调查。

表 2.2　踏查记录表

调查日期：　　　　　　调查地点：　　　　　　　　　　调查人：

树种	树龄/a	调查地面积/hm^2	调查株数	受害株数	受害株率/%	备注

标准地调查：标准地面积为 0.2 hm^2，以小班为单位设立，一般 30 hm^2 以下设立 1 块，30 hm^2 以上每增加 10 hm^2 增设 1 块。采取“Z”字形取样法、平行线取样法或对角线取样法，抽取样树 30 株，逐株调查，调查结果填入表 2.3。划分发生（危害）程度等级，有虫株率 2%～6%为轻度，7%～12%为中度，13%以上为重度（根据 LY/T 1681《林业有害生物发生及成灾标准》）。

表 2.3　标准地调查记录表

调查日期：　　　　　　　　调查地点：　　　　　　　　调查人：

标准地编号	树种	树龄	调查地面积/hm^2	标准地面积/hm^2	受害情况		备注
					样树号	侵入孔数	

第五节　红脂大小蠹检疫检验技术

红脂大小蠹主要通过大规格苗木、原木、包装材料等借助交通工具传播，因此，通过检疫检查防止红脂大小蠹传入或传出，是防治红脂大小蠹的主要手段之一。

一、产地检疫

1. 种苗繁育地检疫调查

应根据本地红脂大小蠹的生物学特性，分别在 4 月越冬成虫扬飞期和 10 月成虫羽化蛀干后，对栽植根径 4 cm 以上红脂大小蠹寄主植物的种苗繁育地进行检疫调查。

（1）踏查。

采取踏查的方式确定被检地是否发生红脂大小蠹疫情。踏查时选择代表性路线，必要时可采用定点（定株）检查 。踏查时仔细查看树干部有无红脂大小蠹侵入孔和羽化孔，并对枯死或针叶发黄的苗木和大树作详细检查。红脂大小蠹的侵入孔周围一般留有红褐色（钻蛀初期）或灰白色（危害后期）漏斗状或是不规则的凝脂块，在树干基部有脱落的红褐色或灰白色凝脂碎末。

（2）查看。

对发现的可疑苗木和大树用工具撬开树干或树根部位的树皮，查看皮层内是否有成虫蛀食痕迹或幼虫取食韧皮部后留在坑道内的红褐色细粒状虫粪和木屑，进而查看皮层内是否有幼虫、成虫、卵和蛹，并作进一步的鉴定。

（3）标准地（或样方）调查。

踏查确认有虫情发生，需进一步掌握危害情况的设立标准地（或样方）做详细调查。标准地的累积总面积应不少于调查总面积的 1%～5%。标准地的设置面积为 0.2 hm^2。采取平行线取样法或对角线取样法，抽取样株 20～30 株进行逐株检查，20 株以下的应全部检查。

2. 贮木场、木材加工场（点）及木材集贸市场检疫调查

（1）检疫调查贮木场、木材加工场（点）及木材集贸市场时，检疫人员应先询问红脂大小蠹寄主原木及其制品的来源、虫情等情况，并做好采集、检验及记录等准备工作。

（2）采取楞垛表面或分层方式进行抽样调查。抽样数量为每批次按总量（立方米、垛）的 5%～10%抽取，危害严重或数量少于 2 m^3 的应全部进行检查。

（3）检查时，对发现的可疑原木及其制品、伐桩等应用工具撬开树皮，查看皮层内是否有成虫蛀食痕迹或幼虫取食韧皮部后留在坑道内的红褐色细粒状虫粪和木屑，进而查看皮层内是否有幼虫、成虫、卵和蛹，并作进一步的鉴定。

3. 诱捕器调查

每年 4 月至 10 月，在红脂大小蠹发生地的种苗繁育地或贮木场、木材加工场（点）及木材集贸市场等的周围设置诱捕器进行调查，根据诱捕结果确定疫情发生情况及所经营原木及其制品是否携带有该虫。

诱捕器设置数量可根据实际情况而定，一般在种苗繁育地或贮木场、木材加工场（点）及木材集贸市场按 5 点式的设置方法各点设置 1 个。

4. 检疫调查记录

调查过程中将各项检疫调查结果记入产地检疫调查表，红脂大小蠹产地检疫踏查记录表见表 2.4，红脂大小蠹产地检疫标准地调查记录表见表 2.5，红脂大小蠹产地检疫贮木场、木材加工场/点及木材集贸市场调查记录表见表 2.6。

表 2.4　红脂大小蠹产地检疫踏查记录表

调查日期：　　年　月　日

调查地点：　　省（市、区）　　县（市、区）　　乡（镇）　　村（场、圃）

调查人：

树种	树龄/a	调查地面积/hm^2	调查株数	受害株数	受害株率/%	备注

表 2.5　红脂大小蠹产地检疫标准地调查记录表

调查日期：　　年　月　日

调查地点：　　省（市、区）　　县（市、区）　　乡（镇）　　村（场、圃）

调查人：

标准地编号	树种	树（苗）龄/a	调查地面积/hm^2	标准地面积/m^2	受害情况		备注
					样树号	数量/头（株）	

表 2.6　红脂大小蠹产地检疫贮木场、木材加工场/点及木材集贸市场调查记录表

调查日期：　　年　月　日

调查地点：　　省（市、区）　县（市、区）　乡（镇）　　村（场、圃）　贮木场　　木材加工厂

调查人：

树种	材种	材积/m^2	抽样数量/m^2	样木号	带虫数（幼虫、蛹、卵）	备注

注：材种指原木、椽材、板材、方材、木质包装材。

5. 产地检疫结果评定

（1）经产地检疫，未发现红脂大小蠹危害的可认定为合格。

（2）带疫寄主植物及其产品经除害处理，杀虫效果达到 100％可认定为合格；杀虫效果未达到 100％，应重新进行除害处理。

二、调运检疫

1. 抽样方式

（1）带皮木材按一批货物总数（立方米、根）的 10%抽取，不足 2 m^3 或少于 20 根的全部检查。

（2）调运的苗木和大树可按一批货物总数（株）的 5%抽取，少于 50 株的全部检查。

（3）带皮木材采用楞垛表面或分层方式抽样检查。苗木和大树采用随机方式抽样检查。

2. 现场检验

发现可疑原木及其制品、伐桩时可参照贮木场检查方式进行检查。发现可疑苗木和大树时可参照贮木场、木材加工场（点）及木材集贸市场检疫调查方式进行检查。

3. 调运检疫结果评定

（1）经调运检疫，未发现携带有红脂大小蠹的植物及其产品、伐桩等可认定合格。

（2）经调运检疫，发现携带有红脂大小蠹的植物及其产品、伐桩等为不合格，应停止调运并作除害处理。经除害处理，杀虫效果经检查达到100%可认定为合格；杀虫效果未达到100%，应重新进行除害处理。

三、检验鉴定

对检疫过程中发现的可疑虫体应采集标本，并参照红脂大小蠹检验鉴定特征进行鉴定（图 2.12～2.16）。对当时无法鉴定的，采取人工饲养方法，养至成虫后鉴定，或结合观察各虫态特征及其生物学特性，做出准确鉴定，必要时可送请专家鉴定。

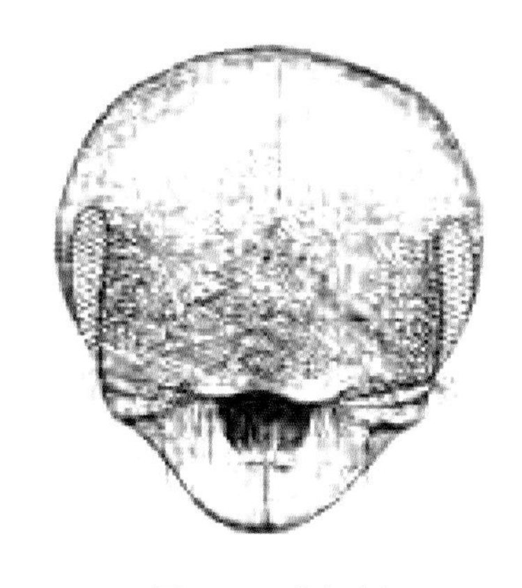

图 2.12　雌虫头部

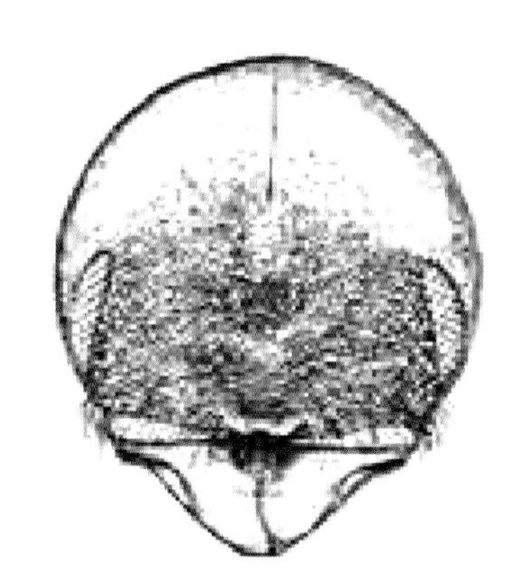

图 2.13　雄虫头部

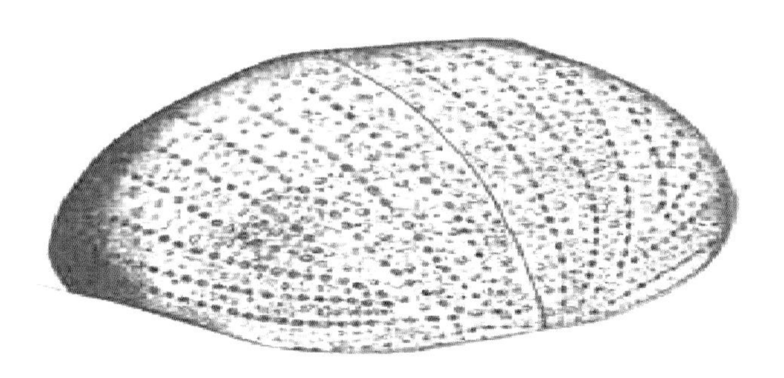

图 2.14　雌虫鞘翅斜面

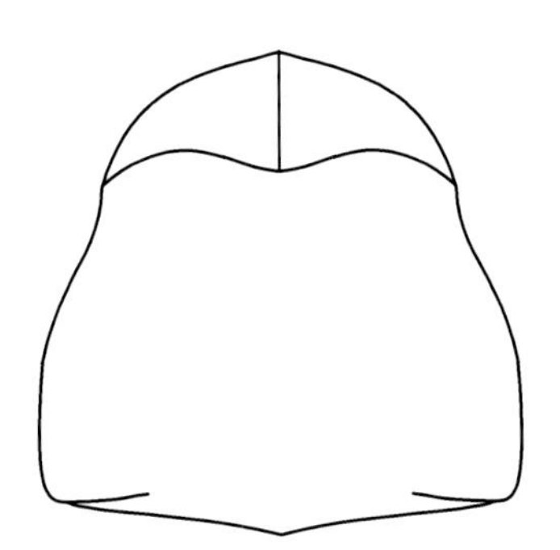

图 2.15 头部和前胸背板

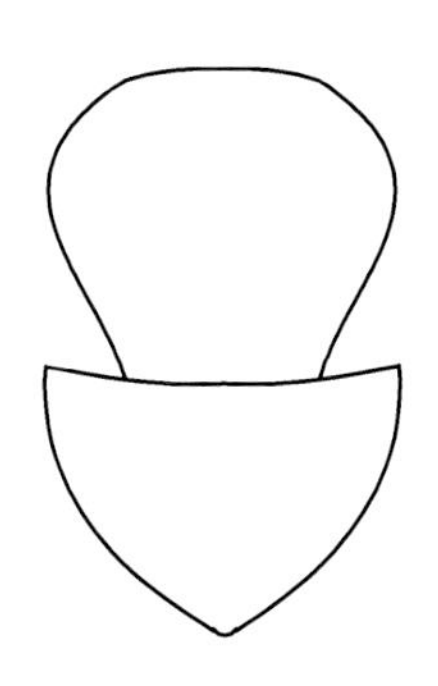

图 2.16 雄虫生殖器

目前，我国分布的大小蠹属的种类有 3 种，分别为红脂大小蠹、华山松大小蠹和云杉大小蠹，3 种大小蠹成虫的形态比较如下。

1. 红脂大小蠹

体长 6.5～9.5（平均 7.5）mm，体色红褐色，头部额面不规则隆起，复眼下方至口上片之间有一对侧隆突，口上片边缘隆起，表面平滑有光泽，具稠密黄色毛刷，前胸背板两侧弱弓形，基部 2/3 近平行，前缘后方中度缢缩，表面平滑有光泽，刻点非常稠密，但后部刻点稀疏或无，鞘翅两侧直伸，后部阔圆形，基缘弓形，生有 11～12 个中等大小的重叠齿。

2. 华山松大小蠹

体长 4.5～6.5（平均 5.5）mm，体色黑褐色，额表面粗糙，呈颗粒状，被有长而竖起的绒毛，粗糙的颗粒汇合成点沟。口上片粗糙，无平滑无点区。前胸背板基部较宽，前端较窄，收缩成横缢状，中央有光滑纵线，前缘中央向后凹陷，后缘两侧向前凹入，略呈“S”形。鞘翅基缘有锯齿状突起，两缘平行，背面粗糙，点沟显著，沟间有一列竖立长绒毛和散生的短绒毛。

3. 云杉大小蠹

体长 5.7～7.0（平均约 6.3）mm，体色黑褐色或全黑色。额面下部突起，顶部有点状凹陷，口上片中部有平滑光亮区，额毛棕红色。前胸背板两侧自基部向端部急剧收缩，背板底面平滑光亮，具大而圆的刻点，背板的茸毛挺拔有力，毛梢共同指向背板中心。鞘翅具刻点沟，沟间部隆起，上边的刻点突起粒。在鞘翅斜面上沟间部较平坦，有一列小颗粒。

四、除害处理方法

检疫过程中发现的带虫苗木、大树、原木及其制品以及染虫的堆放场所和运输工具均应进行全部除害处理。

1. 集中销毁

染虫程度重或无利用价值的带虫原木及其制品实施集中销毁处理。

2. 剥皮处理

将带皮的染虫原木及其制品剥皮处理。剥皮时将韧皮部分全部剥去，剥下的树皮集中烧毁或深埋于 20 cm 的土下并踏实，或使用 2.5%菊酯类农药等药剂喷洒杀虫。对染虫的堆放场所或运输工具也可用 2.5%菊酯类农药等药剂喷洒杀虫。

3. 溴甲烷熏蒸处理

（1）投药剂量和熏蒸时间。

常压下，红脂大小蠹溴甲烷熏蒸处理的使用剂量和熏蒸时间及要求浓度见表 2.7。

表 2.7　红脂大小蠹溴甲烷熏蒸使用剂量和熏蒸时间及要求浓度

温度/℃	投药量/（$g \cdot m^{-3}$）	最低浓度和时间/（$g \cdot m^{-3}$）		
		2 h	4 h	24 h
≥21	48	36	31	24
≥16	56	42	36	28
≥11	64	48	42	32

（2）熏蒸要求。

熏蒸时，溴甲烷熏蒸处理的温度应不低于 10 ℃。熏蒸处理过程中应至少在第 2 时、4 时、24 时检测熏蒸浓度。

熏蒸携带红脂大小蠹的原木及其制品时，连续熏蒸时间不少于 24 h。

熏蒸携带红脂大小蠹的苗木和大树时，连续熏蒸时间不超过 4 h。

4. 除害处理效果检查

采取分层抽样法从每处理批次中分别抽取 3 个样品剥皮检验，以确定除害处理效果。红脂大小蠹虫体有光泽、有弹性、能动为活体；虫体无光泽、无弹性、不动为死体。

5. 安全性要求

溴甲烷熏蒸处理时，选取远离民居、公共场所、人口稠密的地方，且所选地要地势平坦、土壤紧密、向阳、通风良好、交通方便，且该地的下风口无人居住。库房熏蒸所使用的熏蒸库须离其他建筑物 50 m 以上。熏蒸时还应设置熏蒸警戒标志。带虫原木及其制品、堆放场所、运输工具的除害处理应在确保不会造成林业害虫传播扩散和环境污染的条件下实施。

五、检疫监管

（1）在红脂大小蠹发生区，林业植物检疫机构应对种植有红脂大小蠹寄主植物的种苗繁育地定期开展检疫调查，对经营、加工、利用红脂大小蠹寄主植物及其产品的单位和个人应登记备案，实施检疫监管，一旦发现疫情应及时进行除害处理。

（2）在红脂大小蠹未发生区，林业植物检疫机构应对调运来自红脂大小蠹发生区及其毗邻地区或途经疫情发生区的寄主植物及其产品实施检疫，发现疫情时应做好详细记录，保存抽检样品和标本，进行除害处理，并上报上级林业植物检疫机构。

第六节　红脂大小蠹防治策略

“摸清底数、把握规律、监测预警、检疫防范、技术支撑、落实责任”是内蒙古在总结红脂大小蠹防治工作中取得的成功做法的基础上，提出的红脂大小蠹防治对策，可为各地有效应对红脂大小蠹等林业有害生物灾害提供参考。

一、摸清底数

通过发动基层森防站、林工站、国有林场、自然保护区的专业技术人员定期开展红脂大小蠹普查和专项调查，摸清辖区内红脂大小蠹被害株数、危害程度、发生范围、受害寄主、造成损失等，为下一步采取防控措施提供科学依据。

二、把握规律

采取室内饲养和野外固定标准地观察的方式，开展红脂大小蠹生物学特性、生态学习性系统研究，掌握红脂大小蠹灾害发生规律。

三、监测预警

红脂大小蠹发生区和预防区的各国家级中心测报点要严格执行《国家级中心测报点管理规定》，组织开展辖区内林业有害生物灾情监测调查和主测对象监测预报，实行信息直报制度，及时向当地政府及林业和草原主管部门提出灾害防治意见，保质保量完成监测预报任务。各基层林业和草原主管部门要落实护林员巡查和报告职责。各基层森防站要完善监测方案，落实监测人员和任务，设置固定标准地和临时标准地，采用科学的调查线路，组织开展细致规范的监测调查，对取得的数据分析研判后，及时发出生产性预报；要严格执行疫情报告制度，坚决杜绝疫情信息迟报、瞒报、漏报、不报等现象发生；要加强护林员技术培训，引进推广先进监测调查技术，提高监测预报的质量。自治区和盟市森防部门要做好防治信息系统使用和监测预报办法培训、现场技术指导、灾情数据核查、趋势会商、中长期预测、监督检查和国家中心测报点管理工作。

四、检疫防范

红脂大小蠹是我国森林植物检疫对象，各级森林植物检疫机构要认真贯彻《植物检疫条例》《林业植物检疫条例实施细则》和《内蒙古自治区植物检疫条例实施办法》，严格执行《国内森林植物检疫技术规程》，全面加强产地检疫、调运检疫和复检工作，严密防范危险性有害生物传播扩散和外来有害生物入侵。调出地要严格执行现场检疫制度，重点做好从疫区调出植物及其产品的现场检疫；调入地要提高复检意识，强化落地复检，严格控制疫情传入和跨区域传播。要规范检疫执法行为，采取联合检疫执法，严厉打击无证调运、假证泛滥等违法违规行为，对违法违规调运形成强大震慑。

五、技术支撑

针对辖区内红脂大小蠹灾害防治进行不同药剂、不同浓度、不同施药方式试验，并进行成本核算、效果检验和环境影响评价。加大营林措施、生物技术、无公害手段试验示范和推广力度。积极引进国内外先进的防治技术并进行验证。要通过试验示范，总结出一系列科学简便实用的防治技术，为灾害防控提供科技支撑。

六、落实责任

认真贯彻落实《森林病虫害防治条例》《国务院办公厅关于进一步加强林业有害生物防治工作的意见》《内蒙古自治区人民政府办公厅关于进一步加强林业有害生物防治工作的实施意见》和《党政领导干部生态损害责任追究办法（试行）》，加强组织领导，健全重大林业有害生物防治目标管理责任制，制定印发《红脂大小蠹防控应急预案》，落实防治主体责任。各级林业和草原主管部门要加强管理，认真做好辖区内红脂大小蠹防治工作，充分发挥政策性森林保险抵御红脂大小蠹灾害的作用，落实好部门管理责任。各级森防站要认真开展灾情调查、检疫执法、防治技术服务等各项工作，履行好森防机构的技术责任。

参考文献

[1] 姚剑，温劲松，廖力，等. 红脂大小蠹检疫鉴定方法：SN/T 2599—2010[S]. 国家质量监督检验检疫总局，2010，5.

[2] 赵宇翔，潘红阳，等. 红脂大小蠹检疫技术规程：LY/T 1830—2009[S]. 北京：中国标准出版社，2019.

[3] 段东红，王晓俪. 应用磷化铝毒丸防治强大小蠹初探[J]. 森林病虫通讯，2000，4(2)：19-20.

[4] 苗振旺，郭保平，张晓波，等. 塑料裙干基密闭熏蒸法防治红脂大小蠹试验[J]. 中国森林病虫，2002，4 (4)：24-25.

[5] 王培新，李有忠，贺虹，等. 红脂大小蠹化学防治技术研究[J]. 西北林学院学报，2005，4(1)：143-147.

[6] 李文爱. 红脂大小蠹防治技术研究[D]. 咸阳市：西北农林科技大学，2008.

第三章　杨干象

杨干象（*Cryptorrhynchus lapathi* L.），隶属鞘翅目（Coleoptera）、象甲总科（Curculionoidea）、象甲科（Curculionidae）、隐喙象亚科、隐喙象属，又名杨干隐喙象、杨干白尾象虫、杨干象鼻虫，是危害杨树、柳树的一种毁灭性蛀干害虫，也是世界性的危险性林业有害生物，被三次列入全国林业检疫性有害生物名单。

第一节　杨干象发生分布情况

一、国外发生分布情况

主要分布于日本、朝鲜、俄罗斯、匈牙利、捷克、斯洛伐克、波兰、德国、英国、意大利、法国、前南斯拉夫、西班牙、荷兰、加拿大、美国。

二、国内发生分布情况

主要分布于黑龙江、吉林、辽宁、内蒙古、河北、甘肃、陕西、新疆等地。

通辽市杨干象主要分布于科尔沁左翼中旗东南部、科尔沁左翼后旗中东部、库伦旗南部、奈曼旗中南部、科尔沁区城区、开鲁县局部 6 个旗县区的 13 个乡镇，年发生面积约 3 万亩，局部泛滥成灾、危害严重。

第二节　杨干象发生危害特点与生物学特性

一、主要寄主树种

寄主以杨柳科植物为主，主要有甜杨、小黑杨、北京杨、小叶杨、中东杨、加杨、白城杨、小青杨、沙兰杨、晚花杨、健杨、银白杨、欧美杨、新疆杨、黑杨、钻天杨、箭杆杨、花柳、旱柳、蒿柳等。

二、发生危害特点

春季树木被害处表皮出现水渍状斑痕，剥开表皮可见到乳白色的卵或初孵幼虫。严重受害的树木失水逐渐干枯或枝干受风吹而折断（俗称风折）。

初孵幼虫先取食木栓层，食痕呈不规则的片状，之后深入韧皮部和木质部之间绕树干蛀成圆形坑道，在坑道末端树干表皮上咬一个小孔，排出红褐色丝状排泄物，坑道外的表皮初期颜色变深，油渍状，微凹陷，后期形成一圈刀砍状裂口（图 3.1）。

图 3.1　杨干象危害状

老熟幼虫沿坑道末端向上蛀成直径 3.0～6.0 mm、长 35.0～76.0 mm 的圆形羽化孔道，在孔道末端蛀成直径 4.0～6.5 mm、长 10.0～18.0 mm 的椭圆形蛹室，蛹室两端用丝状木屑封闭。

成虫羽化后到嫩枝条或叶片上补充营养，嫩枝条或叶片上出现成虫补充营养后留下的针眼状取食孔。

三、形态特征

成虫：体长 8.0～10.0 mm，长椭圆形，黑褐色或棕褐色，无光泽。全体密被灰色鳞片，其间散布白色鳞片形成若干不规则的横带。鞘翅后端 1/3 处及腿节上白色鳞片较密，并混杂直立的黑色鳞片簇。头管弯曲，中间具一条纵隆线；复眼圆形、黑色，触角 9 节，呈膝状，棕褐色；前胸背板宽度大于长度，两侧近圆形，中央具 1 条细纵隆线，鞘翅宽度大于前胸背板，于后端的 1/3 处向后倾斜，逐渐缢缩，形成 1 个三角形斜面；雌虫臀板末端尖形，雄虫为圆形（图 3.2）。

卵：长 1.3 mm，宽 0.8 mm，椭圆形，乳白色。

幼虫：老熟幼虫体长 9.0 mm 左右，乳白色，全体生疏黄色短毛。胴部弯曲略呈马蹄形。头部黄褐色，上颚黑褐色，下颚及下唇须黄褐色，头颅缝明显，前头上方有 1 条纵缝与头颅相连，唇基梯形，表面光滑，上唇横椭圆形，前缘中央具 2 对刚毛，侧缘各具 3

个粗刚毛，背面具 3 对刺毛；下颚须及下唇须均为 2 节；前胸具 1 对黄色硬皮板，中、后胸各由 2 小节组成；腹部第 1 至第 7 节，每节由 3 小节组成，胸、腹部侧板及腹板隆起，胸足退化，在足痕处生有数根黄毛，气门黄褐色（图 3.2）。

图 3.2　杨干象成虫、幼虫及侵入状

蛹：体长 8.0～9.0 mm，乳白色。腹部背面散生许多小刺，在前胸背板上有数个突出的刺。腹部末端具有 1 对向内弯的褐色几丁质小钩（图 3.3）。

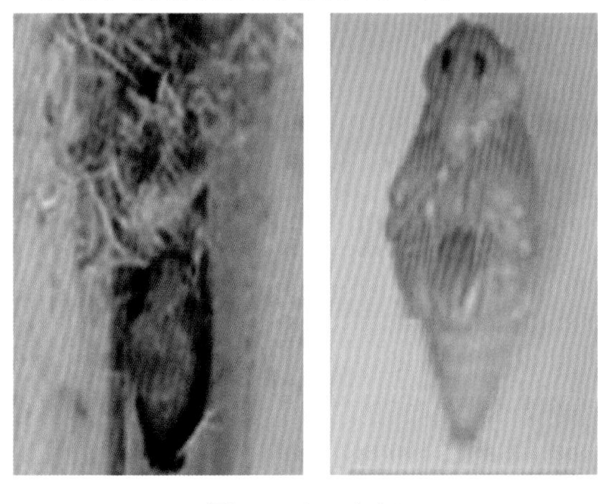

图 3.3　杨干象蛹

四、生物学特性

1. 发生世代及生活史

通辽地区杨干象为一化性昆虫，1 年发生 1 代，以幼虫（大多数）或卵（少数）在树木枝干韧皮部越冬。春季 4 月下旬至 5 月上旬，幼虫开始活动，卵也开始孵化。幼虫先取食木栓层，然后逐渐深入韧皮部和木质部，在韧皮部和木质部之间形成圆形虫道，随虫龄增大，虫道表面颜色变深且呈油浸状，虫道处树皮常开裂呈刀砍状。5 月下旬至 6 月上旬，幼虫沿虫道蛀入木质部形成蛹室化蛹，蛹期 12 d 左右，6 月下旬逐渐开始羽化，7 月中旬为羽化盛期。成虫羽化后，顺原虫道爬出，从羽化到爬出树干持续 10 d 左右。成虫善爬行，具有假死性，爬到嫩枝条或叶片上取食，被害枝干形成针刺状小孔。7 月下旬至 8 月上旬交尾产卵，卵期差异很大：8 月中旬产的卵，卵期平均为 12 d；而 9 月上旬产的卵，卵期平均为 20 d。后期产下的卵直到第二年春季才孵化。成虫开始交尾产卵时每次产卵 1 粒，一天最多可产卵 4 粒，平均卵量 40 粒左右，产卵时间为 30 d 左右。成虫产卵时先咬产卵孔，然后插入产卵管产卵，并排泄黑色分泌物将产卵孔堵好，卵多产在枝痕、树皮裂缝、棱角、皮孔处。当年孵化的幼虫咬破卵室，不取食在原处越冬，未孵化在卵室越冬。通辽地区杨干象生活史情况见表 3.1。

表 3.1　杨干象生活史情况（2015—2016 年）

月	4			5			6			7			8			9			10			11～3		
旬	上	中	下	上	中	下	上	中	下	上	中	下	上	中	下	上	中	下	上	中	下	上	中	下
虫态	⊕ ◎	⊕ ◎	○ △	△	△	△	△	△	△	△	△													
								▲	▲	▲	▲	▲												
									+	+	+	+	+	+	+	+	+	+	+					
														○	○	○	○	○	○	○	⊕	⊕	⊕	⊕
																△	△	△	△	△	◎	◎	◎	◎

注：⊕越冬卵；◎越冬幼虫；○卵；△幼虫；▲表蛹；+成虫。

2. 幼虫危害期

通辽地区 5 月 5 日～5 月 31 日，是杨干象幼虫危害症状最为明显的阶段，5 月上旬至 5 月中旬是防治杨干象幼虫的最佳时间，杨干象幼虫危害状观察情况见表 3.2。

表 3.2　杨干象幼虫危害状观察情况

观察日期	被害林木症状
4 月 25 日	树干隐约出现少量不规则黑灰色水渍,水渍面积 1 cm^2 左右，用小刀轻轻削割树皮，在韧皮部 2 mm 左右处发现体长 2 mm 左右的虫体，被危害部分不明显
5 月 5 日	干部呈现明显褐色水渍，在虫孔部分有粉末状物出现，经解剖，幼虫于韧皮部大量取食危害，幼虫发育体长 3 mm 左右
5 月 25 日	幼虫危害部分水渍面积继续扩大，取食痕呈不规则形状，幼虫尚未进入木质部，被害部位十分明显
6 月 5 日	被害林木外皮呈明显横向刀砍状，出现一圈一圈刀砍状裂口，幼虫进入木质部，表皮凹陷，树木大量失水枯干，幼虫开始趋向蛹

3. 传播途径

成虫飞翔能力差，自然扩散靠成虫爬行。人为调运携带有越冬卵或初孵幼虫的苗木或新采伐的带皮原木，是远距离传播的主要方式。

第三节　杨干象防治技术

一、营林措施

1. 营林抚育

对受害严重、树势衰弱、主干干枯或折断的林木，要在秋季树液停止流动后或春季树液流动前平茬更新。砍伐的原木须剥皮处理，枝杈要在第二年 4 月下旬前全部烧毁；对被害较轻、树势旺盛或生长较好还有培育前途的林木，在秋末春初进行强度修枝，并彻底进行药剂防治。

2. 营造混交林

选用抗虫品种，营造混交林。各地的乡土树种都是较抗虫又速生的。一定要做到适地适树，避免盲目引种，促进林木健壮生长，提高整体林分对杨干象的抗性。采取加强水肥管理、适时中耕除草、合理修枝间伐、清除病腐虫害木等措施，以改善树木健康状况，增强对病虫害的抵抗力，减少虫灾的发生。

3. 皆伐更新

对发生危害严重、已经失去防治价值的林分，及时皆伐更新造林，对皆伐的疫木应进行除害处理。

二、物理防治

初孵幼虫期用刀片将幼虫挖出后消灭。成虫期利用成虫假死性，于清晨振动使其坠落捕杀。

诱饵树防治：在杨干象发生区的林地中栽植3%的杨干象高感品种，引诱杨干象产卵。翌年杨干象初孵幼虫期用药剂点涂侵入孔，灭杀幼虫。当诱饵树的杨干象幼虫虫口密度过大时，在化蛹之前，将诱饵树皆伐集中除害处理。

三、生物防治

靠近河流、湖泊等水源条件较好的林分，可挂旧木段招引啄木鸟等益鸟，增加天敌防治。

四、化学防治技术

1. 幼虫期防治

（1）刺皮涂药法：于树液流动时使用钉板在虫孔周围拍打刺些小孔，然后用 40%氧化乐果 20 倍液涂抹防治初孵幼虫。适用于 3～5 年幼树。

（2）虫孔点涂法：幼虫危害树木、被害处有红褐色丝状排泄物，并有树液渗出时，采用虫孔点涂法：用小毛刷涂 2.5%溴氰菊酯油 100 倍液于树干有排粪孔的被害部位上，防治韧皮部内的杨干象幼虫。涂抹量以排除孔内气泡为宜。

（3）双环加点涂法：依次在树冠主枝底部用板刷蘸药液涂一道宽 8～12 cm 的封闭环，再自上而下点涂受害部位，在树干距地面 1.4～1.6 m 处再涂 8～12 cm 的封闭环，点涂下部危害部位，最后检查上下有无漏点。药剂有氯菊酯类药、吡虫啉、噻虫啉、苦参烟碱等，药剂与机油（或柴油）按 1∶（10～20）倍液。

（4）颗粒剂堵孔法：幼虫危害树木、被害处有红褐色丝状排泄物，并有树液渗出时，采用颗粒剂堵孔法：用 58%磷化铝颗粒剂（剂量为 0.05 g/孔）塞入虫孔，防治老熟幼虫。

（5）喷干法：在卵和幼虫的发生期往树干上喷药，防治树干韧皮部内的杨干象幼虫。药剂有氯菊酯类药、吡虫啉、噻虫啉、苦参烟碱等，用药浓度参考说明书。

（6）涂药环法：幼虫活动期在树干根茎处和 2.0 m 高处用 10%吡虫啉和柴油（1∶9）混合液涂成 10.0 cm 宽的药环。也可在有虫部位纵向 8.0 cm，横向树干圆周的 1/2 处涂抹。

2. 成虫期防治

在 7 月上旬至 8 月上旬成虫出现期，对树冠、树干喷雾防治。用 4.5%高效氯氰菊酯乳油稀释 800 倍防治，1 个防治期 3～6 次，间隔期 10 d；用 3%高效氯氰菊酯微囊悬浮剂稀释 800 倍、8%氯氰菊酯微囊悬浮剂稀释 600 倍、2%噻虫啉微囊悬浮剂稀释 1 000 倍防治，1 个防治期 1～3 次，间隔期 20 d。

第四节　杨干象监测技术

一、踏查

1. 踏查时间

4 月下旬～5 月下旬，越冬代 1 龄幼虫期。

2. 踏查方法

以乡镇（林场、街道）为基本行政单位，根据杨树和柳树人工林中龄、幼龄林分布情况，以及地形地貌、铁路、公路、林间防火道、林班线等设计踏查路线，延踏查路线选取 100 株样株，逐株观察样株树干表皮颜色是否变深、有无刀砍状裂口，将踏查结果填入表 3.3。发现疫情后，应进行标准地调查。

表 3.3　杨干象踏查记录表

地点：　　县　　乡镇（林场、苗圃）

村名：　　林班号：　　小班号：　　地理坐标：经度　　纬度

海拔高度/m：　　主要树种：　　林分面积/hm^2：　　单位株数/（株·hm^{-2}）：

树龄/a：　　郁闭度：

踏查地块编号	寄主植物名称	踏查林分面积/hm^2	受害情况			备注
			调查株数	有虫株数	有虫株率/%	

调查人：　　调查时间：　　年　　月　　日

二、标准地调查

标准地面积 1～5 亩，人工林标准地累计面积不少于寄主面积的 3%，种苗繁育基地标准地面积（数量）不少于栽植面积（数量）的 5%；同一类型的标准地应有不低于 3 次的重复。采用对角线取样法，抽取调查标准株 30 株，少于 30 株应全部调查。将调查结果填入表 3.4。

表 3.4 杨干象标准地调查记录表

地点： 县 乡镇（林场、苗圃） 村名： 林班号 小班号

地理坐标：经度 纬度 海拔高度/m： 林分类型：

主要树种： 林分面积/hm^2： 单位株数/（株·hm^{-2}）：

树龄/a： 郁闭度：

标准株号	幼虫数	标准株号	幼虫数	标准株号	幼虫数	标准株号	幼虫数	备注
有虫株率				虫口密度/（头·株$^{-1}$）				

注：有虫株率为调查有虫株数与调查总株数的百分比；虫口密度为调查有虫总株数与调查总株数之比

调查人： 调查时间： 年 月 日

第五节 杨干象检疫检验技术

一、检疫范围

检疫范围包括对杨干象寄生的杨属、柳属植物活体、木材及其制品的检疫。

二、产地检疫

1. 查阅档案

查阅苗木繁育基地寄主植物种苗来源的历史记录，苗木繁育基地杨干象发生的历史记录。

2. 踏查

（1）凡胸径大于 2.0 cm 的寄主植物均应进行踏查。

（2）根据苗木繁育基地种苗的培育方式和整体布局设计踏查路线，沿踏查路线对繁育基地的苗木进行全面调查。

（3）调查苗木的枝干是否有杨干象危害状。

3. 标准地调查

（1）踏查过程中发现有杨干象时，设标准地或样方进行详查。

（2）标准地应选设在杨干象发生区域内有代表性的地段。

（3）标准地的面积视苗木密度而定，标准地内苗木的数量不应少于 30 株。

（4）标准地的数量视寄主植物栽植地的规模而定，标准地的累计面积不少于应调查面积（数量）的 1%。

（5）苗木总量在 30 株以内的应全部调查。

4. 检疫检验

（1）调查苗木枝干表面是否有杨干象的危害状。

（2）解剖具有危害状的苗木枝干，取出虫体进行检验。

（3）调查每株样树的虫口数量。表格参照标准地调查表。

5. 检疫处理

（1）在苗木繁育基地发现有杨干象危害的苗木，应拔除销毁。

（2）有虫株率达到 15%以上的苗木繁育基地，应及时采取择伐措施；有虫株率达到 30%以上的苗木繁育基地，应及时采取皆伐措施，清除虫源。

6. 产地检疫结果评定

（1）经产地检疫，未发现杨干象寄生的苗木，为产地检疫合格；对带有杨干象的寄主植物进行检疫处理，处理效果达到 100%的，为产地检疫合格。

（2）对带有该虫的寄主植物没有进行检疫处理或虽经检疫处理但处理效果没有达到 100%的，为产地检疫不合格。

三、调运检疫

1. 苗木、幼树及其他活体林木的检疫

（1）抽样。

胸径达到 2.0 cm 以上的苗木、幼树及其他活体林木均须抽样检查。

（2）抽样方法。

采用随机抽样法或机械抽样法抽检样品。

（3）抽样数量。

抽样数量不少于总量的 1%，少于 30 株的应全部检查。

（4）检疫检验。

按产地检疫检验方法操作。

（5）检疫处理。

对感染杨干象的苗木，应销毁处理。

2. 木材及其制品的检疫

（1）抽样。

数量在 50 m^3 以上的木材（含原木、椽材、板材、方材、木质包装材），抽取数量不少于木材总量的 0.5%，数量在 50 m^3 以下的抽取数量不少于木材总量的 1%，总量不足 5 m^3 的应全部检查。

（2）抽样方法。

采用随机抽样法或机械抽样法抽检样品。

（3）检疫检验。

检查木材表面是否有杨干象危害状。发现杨干象危害状时，解剖样木，取出虫体进行检验并记录调查数据。

（4）检疫处理。

在检疫检验中发现带有杨干象的木材按照下列方法之一处理。

①熏蒸处理：对带虫的木材进行熏蒸处理。

②热处理：对带虫的木材进行热处理。

③机械处理：对带虫的木材进行机械解板、旋切或粉碎处理。

（5）处理效果验证。

用分层抽样法从每处理批次中分别抽取 3 个样木进行检验，剖木检查害虫是否死亡，记录检疫处理结果。

害虫死亡判别标准：死亡虫体表无光泽、虫体无弹性、外界刺激时不动，幼虫头向前伸。而活虫体表有光泽、虫体有弹性、外界刺激时会动，幼虫头向腹部弯曲。

3. 复检

（1）核查货物种类与签发的检疫证书是否相符。

（2）不能确认是否携带杨干象的寄主植物及其产品须复检。

（3）苗木、幼树及其他活体林木的复检按产地检疫方法操作。

（4）木材及其制品的复检按调运检疫方法操作。

（5）调运检疫结果评定。

①在调运检疫中，未发现携带有杨干象的苗木、幼树或其他活体林木、木材及其制品，为调运检疫合格；对携带有杨干象的苗木、幼树及其他活体林木、木材及其制品进行了检疫处理，处理效果达到 100%的，为调运检疫合格。

②在调运检疫中，对携带有杨干象的苗木、幼树及其他活体林木、木材及其制品，没有进行检疫处理或虽经检疫处理但处理效果没有达到100%的，为调运检疫不合格。

第六节　杨干象防治策略

一、监控区

监控区指杨干象未发生区或以前有零星发生但经治理目前没有发生的区域。对于监控区，应严格检疫，加强监测，严防杨干象侵入危害。

二、零星发生区

零星发生区指杨干象发生面积小的区域，包括较小范围的孤立发生区。对于零星发生区，应以加强检疫和监测为基础，防止疫情传播扩散，采取发现一株除治一株的强力措施，消灭虫源。

三、普遍分布区

普遍分布区指杨干象集中连片危害的区域，包括老发生区、发生区与监控区交错区域。对于普遍分布区，应重点加强检疫，防止疫情传播扩散。防治时应从发生区外围开始，逐步向内压缩。对虫口密度大、树龄大、已无挽救价值的林木应以皆伐更新为主，清理虫害木后及时补植抗性树种，将林分改造成结构合理的混交林。对虫口密度较低的中龄、幼龄林应以药剂防治为主、物理防治为辅。

参考文献

[1] 敖特根，那顺勿日图，蒋贺喜格，等. 通辽地区杨干象发生规律试验观察初报[J]. 防护林科技，2019，193(10)：36-39.

[2] 敖特根，那顺勿日图，白苏拉，等. 五种环保型农药防治杨干象幼虫试验[J]. 林业科技，2020，250(3)：40-43.

[3] 高瑞桐，杨自湘，汪太振，等. 杨树对杨干象抗性选择的研究[J]. 林业科学研究，1991，4(5)：517-522.

[4] 李国伟，王金华，宋彩民，等. 树干注药防治杨干象效果[J]. 北华大学学报（自然科学版），2011，12(3)：330-333.

[5] 胡秀芝，康廷芝，周建森. 蛀干害虫杨干象甲幼虫的防治试验[J]. 中国林副特产，2001（1）：7.

[6] 蔡建文，孙玉峰，周国庆，等. 应用微胶囊剂防治杨干象幼虫[J]. 林业科技，2000，25（1）：29-30.

[7] 宋华军. 彰武地区杨干象防治试验[J]. 防护林科技，2017（12）：47-48.

[8] 于雷，宋立志，赵大根，等. 不同时间和部位注药防治杨干象的效果分析[J]. 四川林业科技，2018，39（5）：36-38.

[9] 肖艳. 杨干象预测预报技术[J]. 辽宁林业科技，1999（6）：3.

[10] 国家林业局森林病虫害防治总站，黑龙江省哈尔滨市森林病虫害防治检疫站. 杨干象检疫技术规程：GB/T 23627—2009[S]. 北京：中国标准出版社，2009.

[11] 国家林业局森林病虫害防治总站. 林业有害生物防治历[M]. 北京：中国林业出版社，2010.

第四章　松树蜂

松树蜂（*Sirex noctilio* Fabricius），属膜翅目（Hymenoptera）、树蜂科（Siricidae）、树蜂属，是国际重大林业检疫性害虫，北美植保组织（NAPPO）和美国农业部（USDA）将其认定为具有极高风险的入侵生物，我国将松树蜂列入《进境植物检疫性有害生物名录》和《全国林业危险性有害生物名单》。

第一节　松树蜂发生分布情况

一、国外发生分布情况

松树蜂原产于欧亚大陆和北非。1900 年首次在新西兰被发现，此后扩散到新西兰全国的辐射松种植区，北岛中部有 33%的树木被害，面积约 12 万 hm^2，造成了巨大的经济和生态损失。1952 年在澳大利亚塔斯马尼亚岛发现松树蜂，1987—1989 年大暴发，造成超过 500 万株辐射松死亡。乌拉圭（1980 年）、阿根廷（1985 年）、巴西（1988 年）、智利（2000 年）、加拿大（2006 年）、南非（1994 年）、美国（2002 年）也陆续发现松树蜂危害。其中，松树蜂在阿根廷入侵区域造成的树木死亡率达 60% ，在乌拉圭达 80%，在巴西有 35 万 hm^2 的松树被害。

二、国内发生分布情况

2013 年 7 月，首次在我国黑龙江省杜尔伯特蒙古族自治县发现松树蜂危害樟子松。同年在黑龙江省鹤岗市、齐齐哈尔市、大庆市、牡丹江市、佳木斯市，吉林省榆树市及内蒙古自治区的满洲里市相继发现其危害。2015 年发现内蒙古自治区通辽市金宝屯镇的樟子松人工林有松树蜂危害且暴发成灾。2016 年发现松树蜂传入辽宁省康平县。松树蜂在黑龙江、内蒙古、吉林的部分地区危害较重，造成了樟子松人工林较大面积的死亡，严重威胁着东北地区的森林。

松树蜂在我国的适生区预测研究表明，从西南部的云南省至东北部的黑龙江一线以南区域，都是其高度适生区域。全国除香港、澳门和新疆不受松树蜂威胁外，其余各省（自治区、直辖市）均有潜在风险，程度为中、高度。预测松树蜂入侵将造成我国森林蓄积量年均 37.5 亿 m^3 的损失。

松树蜂在通辽科左后旗甘旗卡镇、金宝屯镇、大青沟自然保护区、金宝屯林场有分布。

第二节　松树蜂危害特点及生物学特性

一、松树蜂的危害特征

松树蜂雌虫羽化后即可产卵，在选定的寄主树干上，松树蜂雌虫将卵产于树皮下约 1 cm 处（图 4.1（a）），产卵孔直径约为 0.5 mm（图 4.1（b）），产卵约 0.5 h 后可明显观察到树脂从产卵处流出，长时间流脂凝聚呈泪滴状（图 4.1（c）、图 4.2）。松树蜂雌虫贮菌囊内携带共生真菌（*Amylosereum areolatum*）（一种淀粉韧革菌）和无色的毒素黏液，产卵时，松树蜂将共生真菌和有毒黏液同时注入寄主树干内。松树蜂的卵一般孵化在树皮下 1～2 cm 处，成虫由蛹室垂直于树干羽化飞出。松树蜂羽化孔呈正圆形，直径为 2.1～7.0 mm（图 4.1（d）、图 4.3）。

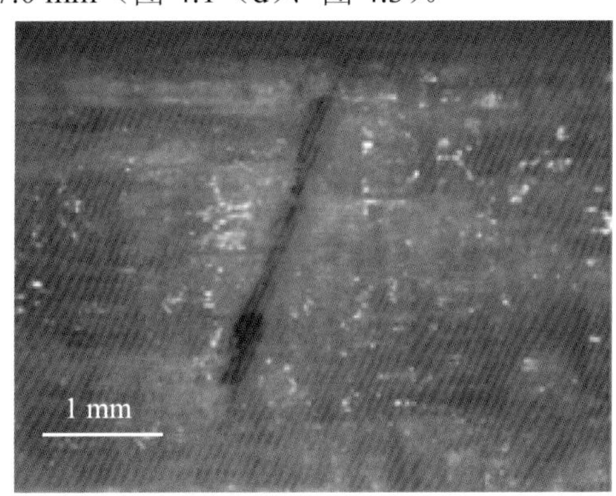

（a）木质部的产卵道

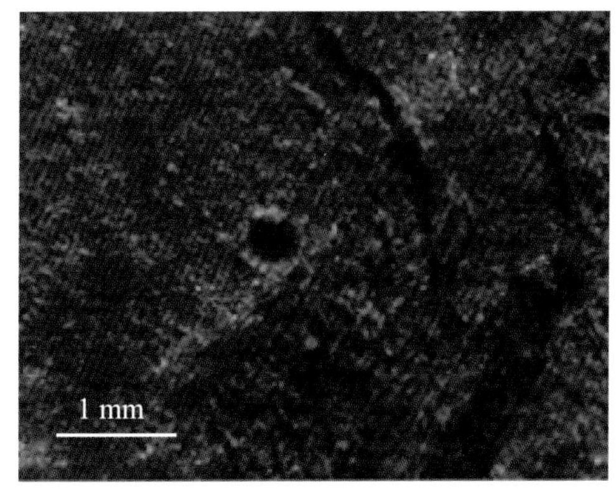

（b）树皮表面的产卵孔

（c）产卵后流出的树脂

（d）正圆形羽化孔

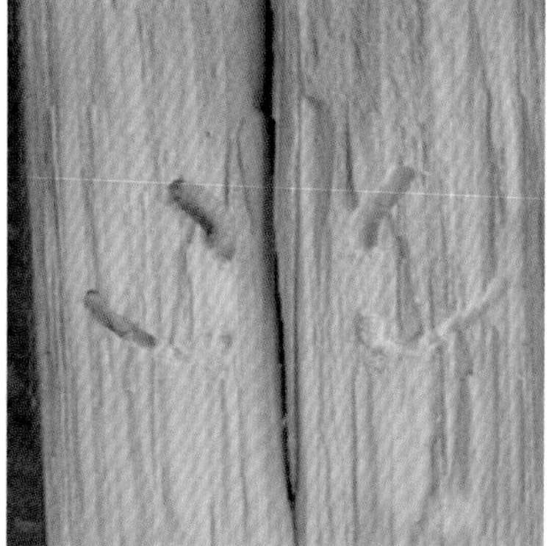

（e）树干纵剖面中的幼虫和坑道

图 4.1　松树蜂危害樟子松状

图 4.2　松树蜂侵害（泪滴状）

图 4.3　纯圆形羽化孔

二、形态特征

成虫：体圆柱形，粗壮，个体大小差异很大，体长 10～44 mm，雌虫稍大于雄虫；两对膜翅，翅脉简单，触角黑色，雌雄两性腹末均尖状。雄虫头部和胸部具蓝色金属光泽，腹部基部和腹末呈黑色，中部橘黄色（图 4.4（a）），后足粗大、黑色（图 4.4（b））。雌虫头部、胸部和腹部黑色，具有蓝色金属光泽（图 4.4（c）），胸足为橘黄色（图 4.4（d））；产卵器针状，约为体长的 1/3，休止时置于产卵鞘内（图 4.4（e））；产卵器腹面具刻点，腹面中部刻点间距与刻点本身直径近等长（图 4.4（f））；后足第二节跗节垫长度是跗节第二节长度的 0.3～0.4 倍（图 4.4（g））。

幼虫：寡足型，乳白或淡黄色圆柱形（图 4.4（h）），尾部有橘红色尾突（图 4.4（i）），为树蜂类区别于其他昆虫幼虫的主要特点。

卵：乳白色，梭状，长 1.0～1.5 mm（图 4.4（j））。

（a）雄性成虫背面观

（b）雄性成虫侧面观

图 4.4　松树蜂形态图

（c）雌性成虫背面观

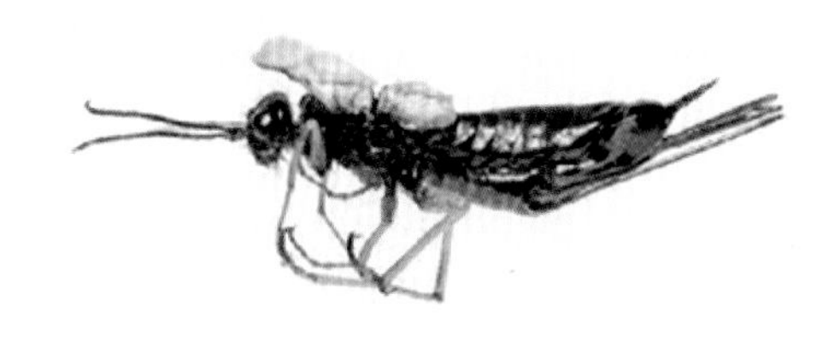

（d）雌性成虫侧面观

（e）雌虫腹部产卵器

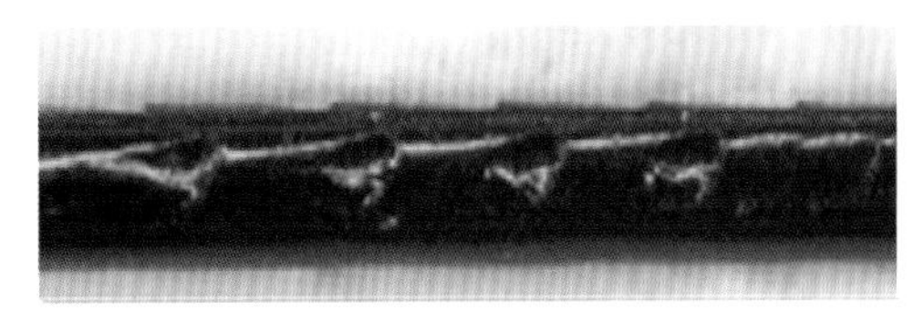

（f）产卵器中部刻点

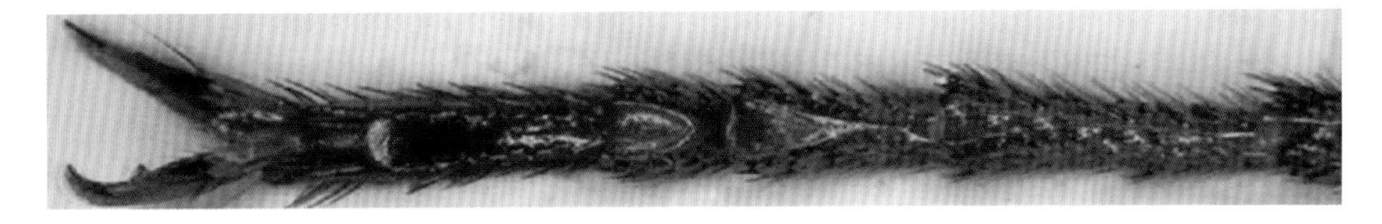

（g）雌虫后足第二跗节垫长度是第二跗节长度的0.3～0.4倍

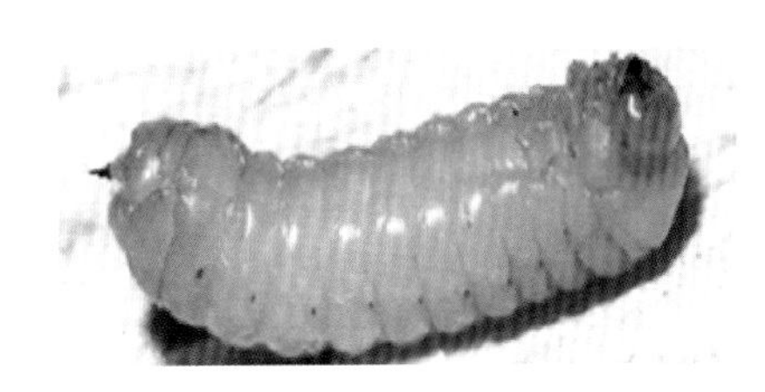

（h）老熟幼虫

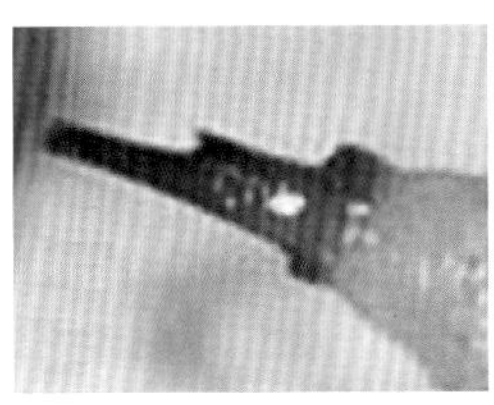

（i）放大图例示尾针

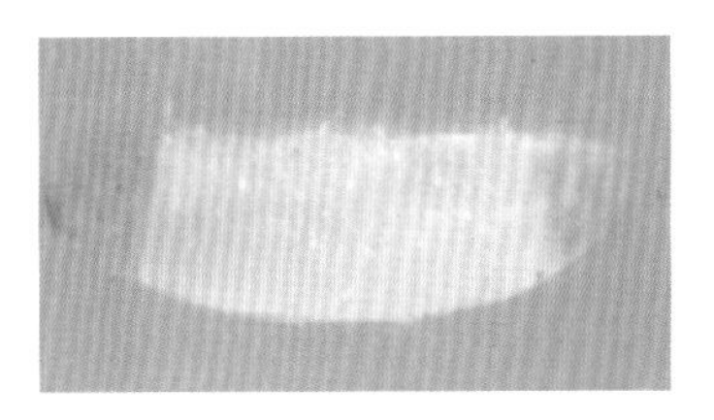

（j）卵

续图4.4

三、生物学特性

松树蜂的世代长短不固定，通常1年1代。但随所处环境因子变化，也有2～3年1代的情况。其中，温度因子是影响松树蜂世代的最关键因子，制约其生长发育。6.8 ℃为松树蜂的发育起点温度，其完成1个生活史需要积温2 500 ℃。平均温度30 ℃时，90 d完成1代；平均温度10 ℃时，360 d完成1代。在较冷的地区如西伯利亚，松树蜂2年1代的比例可达到50%，一些个体3年才能完成1代。通常，夏季是成虫羽化的高峰期，但在气温较高的地区，秋季可见第 2 个羽化高峰期。在北半球，成虫一般在 5 月至 9 月羽化，羽化盛期集中在 7 月末至 8 月初；在南半球，一般在 10 月至次年 2 月羽化，羽化盛期集中在 12 月末至次年 1 月初。雄虫一般早于雌虫 3～5 d 羽化。

在温暖的夏季，雌成虫的寿命很少超过 5 d，雄成虫大约 12 d；在稍冷的秋天，雌、雄成虫寿命都不到 7 d。成虫可进行几次短暂而有力的飞行扩散，群体自然扩散距离为 30～50 km/a。雌虫 20 h 内可飞行 1.1～47.9 km，个体间差异较大。松树蜂羽化时即性成熟，能马上交配并产卵，喜在温暖、光照充足的条件下交配。交配过的雌虫可产雌性和雄性后代，未交配的雌虫可孤雌生殖，但所产后代均为雄虫。松树蜂雌成虫的产卵器一般会钻入深约 12 mm 的树干边材，在 1 个地方钻入 1 次或多次，形成 1 个或多个产卵道。如在 1 个地方只钻 1 次，通常不会产卵，而只向内注入无色的毒素黏液和共生菌的分节孢子， 这种情况被认为是松树蜂只想测试一下该基质是否适合产卵，或是为后续产卵而对寄主进行的前期处理。在有抵抗力的寄主上进行 1 次钻入的次数远远多于易入侵的寄主树种。

通辽市松树蜂羽化期集中在 6 月下旬至 9 月中旬，羽化高峰在 8 月上旬。松树蜂羽化孔主要分布在距地面 0.2～4.2 m 处，集中分布于距地面 0.2～1.2 m 处；且随树高升高，松树蜂羽化孔数量减少，4.0 m 以上很少有松树蜂危害情况。

第三节　松树蜂防治技术

一、营林措施

松树蜂为次期性害虫，在管理较好的林分中不易暴发。即便局部暴发，如缺乏合适的寄主（衰弱木），其种群也会逐渐减少。但是，我国东北地区樟子松人工林密度较大，林分结构单一，缺少合理的营林管护。近年来，大面积樟子松人工林出现自然衰退现象，更有利于松树蜂的入侵。营林管理措施决定了树木的健康程度，可通过控制林分密度来预防树木衰弱，从而防控松树蜂暴发危害。及时伐除受害木和衰弱木，改善林分环境，将松树蜂种群数量控制在成灾水平之下。另外，松树蜂对单一品种的松林有很高的入侵风险。 在樟子松、红松、落叶松和云杉的混交林中，樟子松受松树蜂危害程度较轻。

二、天敌防治

在当前引诱剂对松树蜂的诱集效果不理想，营林措施控制松树蜂周期长、速度慢的情况下，天敌防治是主要手段。在我国，松树蜂的主要天敌为寄生蜂、寄生线虫和微生物。寄生蜂种类较为丰富，其中黑背皱背姬蜂指名亚种自然寄生率为10.3%，对松树蜂有一定的控制能力。但由于松树蜂种群数量大，本身入侵速度快，适应能力强，寄生蜂不足以达到能够自然控制松树蜂的水平。我国松树蜂携带的线虫为致绝育型，具有良好的应用前景，但其室内培养和野外接种技术的研究急需跟进。研究发现多种寄主内生真菌可以侵染松树蜂幼虫，致其死亡，且小长喙壳和黑曲霉的挥发物对松树蜂有趋避作用，应筛选出一些菌株用于防控实践。

第四节　松树蜂监测技术

松树蜂诱捕监测方法有木段诱集法、环割法、活虫吸引法 3 种，应结合实际情况选用合适的操作方法进行松树蜂诱捕，具体方法如下：

当林分密度≥50 株/亩（片状分布）时：间隔使用木段诱集法、环割法，每隔 100 m 处理一株。

当林分密度＜50 株/亩（密度小，不成片状分布）时：综合使用木段诱集法、环割法，即两种方法在邻近的两株樟子松上使用，每隔 100 m 处理一组。

一、操作方法

1. 木段诱集法

（1）操作时间。

每年处理两次，分别于 7 月中旬、8 月下旬按照以下步骤各处理一次。

（2）操作条件。

在松树蜂发生重点林地每隔 100 m 选择 1 株胸径中等（14～18 cm）的健康（或较衰弱）樟子松。

（3）操作步骤。

①将选取的樟子松从主干基部伐倒，并在近主干处去枝梢。

②将主干截成约 2 m 长的木段（从基部开始往上截），要求截面平整，喷漆并在每节树干上编号。第一株伐倒木记为 1，基部向上分别记为-1、-2，例如 1-1、1-2。

③每木段两端涂抹 1 mm 厚凡士林（图 4.5），或用塑料袋缠绕密封木段端部。

④将木段水平放置在离地面 1 m 的高度，可参考悬挂法和搭支架法（图 4.6、图 4.7）。

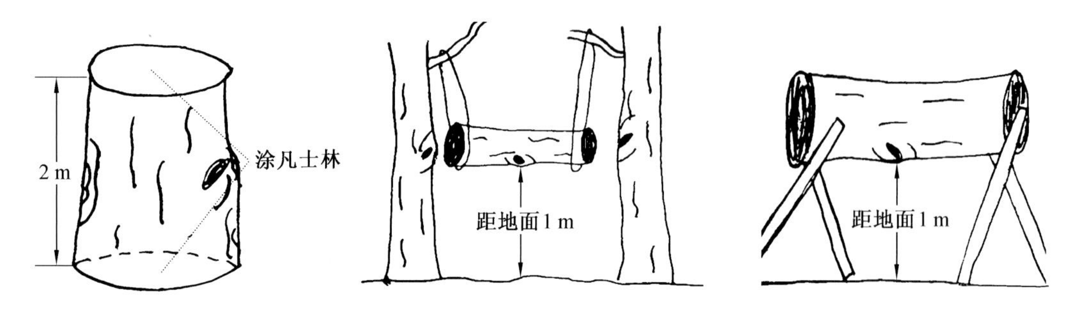

图 4.5　诱集木段　　图 4.6　悬挂法　　图 4.7　搭支架法

（4）观察时间。

伐后第 5～7 天连续 3 天，每天两次，上午 11：00、下午 4：00 观察松树蜂收集情况，将结果填入表 4.1 内。

表 4.1　松树蜂监测诱捕统计表

处理方法 / 收集日期	昆虫数量/头				
	木段诱集法（1）	环割法（2）	木段诱集+环割（1+2）	活虫吸引法（3）	备注（其他昆虫）

2. 环割法（配合注干）

（1）操作时间。

6 月中旬。

（2）操作条件。

在松树蜂发生重点林地每隔 100 m 选择 1 株胸径中等（14～18 cm）的健康（或较衰弱）樟子松。

（3）操作步骤。

①在树高 1.3 m 处进行浅表环割，剥除树干一周的树皮，环剥宽度为 2～3 cm，深度为 1～2 cm（图 4.8）。

②在同一棵樟子松树干距地面高 50 cm 处，斜向下 45°钻深度 5～10 cm 的孔（图 4.9）。

图 4.8　环剥图

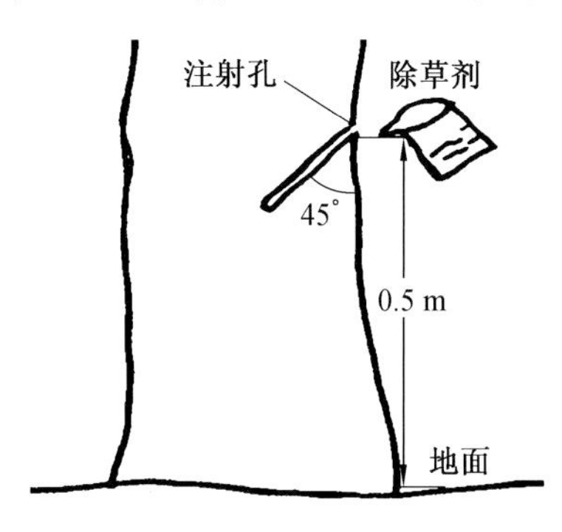

图 4.9　注干防治示意图

③利用注射器向钻孔内注入约 4 mL 50%的除草剂。

④在处理后的樟子松树干上，或 10 m 范围内邻近树干上悬挂诱捕器（图 4.10），诱捕器底部距地面高 1.5 m。

图 4.10　悬挂诱捕器

（4）观察时间。

环割后每周收集一次诱捕器里的昆虫，并记录每次诱捕的数量，将结果填入表 4.1 内，观察至 10 月初结束（持效期较长）。

3. 活虫吸引法（配合注干）

适用于已获得大量活体松树蜂雌虫的地区。

（1）操作时间。

6 月中旬。

（2）操作条件。

在松树蜂发生重点林地每隔 100 m 选择 1 棵胸径中等（14～18 cm）的健康（或较衰

弱）樟子松。

（3）操作步骤。

①在实验树距地面 1.3 m 高处，罩一个宽 30 cm 的铁纱网（纱网大小应确保有一定的空间，不至于影响松树蜂在内部的活动）（图 4.11）。

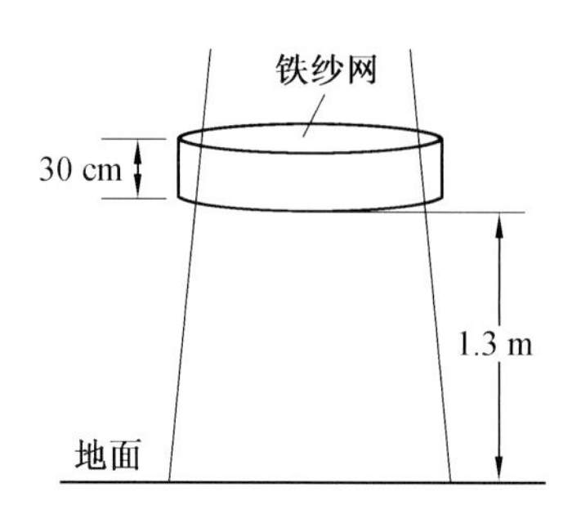

图 4.11　活虫吸引示意图

②向铁纱网中放置 5 头中等大小的雌性松树蜂，观察松树蜂雌虫（♀）产卵情况，铁纱网要扎牢，防止松树蜂飞出。

③在同一棵樟子松树干距地面高 50 cm 处，斜向下 45°钻深度 5～10 cm 的孔，形成一个可以储存液体的凹槽。

④利用注射器向每个钻孔内注入（利于树木吸收）约 4 mL 50%的除草剂。

⑤并在处理后的樟子松树干上，或 10 m 范围内邻近树树干上悬挂诱捕器，诱捕器底部距地面高 1.5 m。

（4）观察时间。

操作后每周收集一次诱捕器里的昆虫，并记录每次诱捕的数量，观察至 10 月初结束。

二、松树蜂个体的保存

为确保样本可被使用，正确的保存方式尤为关键。将幼虫或成虫保存于 99.9%的无水乙醇中（长时间 75%乙醇浸泡，实验样本会被破坏），每隔 24 h 更换一次无水乙醇。

第五节　松树蜂检疫检验技术

在松树蜂发生区，应对调运的寄主植物及其制品实行严格检疫。一旦发现疫情，就地进行集中除害处理。为防止松树蜂进一步在国内扩散蔓延，应加强与植检部门的合作，互相通报信息，共同做好检疫检查，防止通过人为调运传播扩散。为防止疫情传播，还应加大宣传力度，通过张贴宣传画、发放宣传手册、制作宣传短片、开展防控技术培训等方式，并在多种媒体上大力宣传松树蜂的严重危害性， 提高各级政府及有关部门和广大林农的防控意识。

参考文献

[1] 王孝臣，王立祥，王明，等. 入侵害虫松树蜂发生与防治研究简述[J]. 中国植保导刊，2019(1)：68-71.

[2] 徐强，曹丽君，马金萍，等. 松树蜂形态及危害特点的研究[J]. 环境昆虫学报，2018，40(2)：299-305.

[3] 保敏，任利利，刘晓博，等. 松树蜂交配行为及雄虫体表浸提物的电生理和嗅觉行为活性[J]. 环境昆虫学报，2018，40(2)：324-332.

第五章　松材线虫病

松树萎蔫病的病原——松材线虫（*Bursaphelenchus xylophilus* (Steiner & Buhrer) Nickle），能导致松树在感染后 40 d 内枯死，3～5 年就造成大面积毁林的恶性灾害，且传播蔓延迅速，防治难度极大，所以松树萎蔫病又被称为松树癌症、无烟的森林火灾。松材线虫可以侵染 106 种植物，其中自然感病的 60 种，人工接种感病的 46 种，大部分为松属植物。我国自然感病的松树主要包括马尾松、黑松、红松、油松、樟子松、长白落叶松、日本落叶松等。松材线虫为传入危险性极大的检疫性有害生物。

第一节　松材线虫病发生分布情况

我国于 1982 年在南京首次发现松材线虫病，截至 2021 年，根据国家林业和草原局公告（2021 年第 5 号），全国共有 18 个省（自治区、直辖市）726 个县级行政区发生松材线虫病疫情，累计发生面积为 180.92 万 hm^2，同比上升 62.40%，造成病死松树 1 947.03 万株，全年新报告县级发生区 60 个；疫情发生区从 2016 年的大连向北推移超过 400 km，辽宁丹东、抚顺等多地发现疫情并发现新的寄主植物和媒介昆虫，造成重大经济和生态损失。同时，松材线虫病已入侵庐山、黄山、泰山、张家界等多个重要的国家级风景名胜区和重要生态区，大批百年以上的古松名木染病死亡，给当地的生态安全造成严重威胁。松材线虫入侵我国 30 多年来已经累计致死松树达数十亿株，造成的直接和间接经济损失达上千亿元，是我国近 20 多年来发生最严重和造成损失最大的林业病害。

第二节　松材线虫病危害特点

感病松树在死亡前的主要外部症状表现为针叶颜色的变化。松树感病后经过一段时间针叶会表现出逐渐失绿、变黄，最后变为红褐色，枯死的针叶在枝干上呈下垂状，当年一般不脱落，远观似火烧；针叶萎蔫一般从基部开始，通常从局部发展到整体。大多数松树发病后于当年秋季即表现出全株枯死，有些松树到翌年春季或夏初才表现枯死。

感病松树可观察到的第一个内部症状或生理病变为松树流脂的减少和停止，一般入侵后两周内即可表现出松脂分泌的减少甚至停止流脂的现象，这一点可以作为松材线虫入侵的早期诊断指标；除此之外，感病松树在水分生理、光合作用、蒸腾作用及呼吸作用等方面也会出现相应变化（图 5.1）。

图 5.1　红松受害状

第三节　松材线虫分离与鉴定

一、松材线虫的分离

取样时选择尚未完全枯死或刚枯死的立木，一般在树干下部（胸高处）、上部（主干与主侧枝交界处）、中部（上、下部之间）3 个部位取样，在每个部位截取 5 cm 厚的木圆盘或钻取 100～200 g 木屑。样品可用塑料袋密封包装后放于 4 ℃冰箱内长期保存。

从木材中分离松材线虫目前主要采用贝尔曼漏斗法：将待鉴定的木段劈为总共 10 g 左右的火柴杆形状和大小的小木杆，或用木钻钻取木屑，用两层纱布或面巾纸包好，放入漏斗中，加入能充分浸没分离材料的清水。经过 12～24 h 浸泡，线虫在趋水性和本身重量的作用下离开植物组织在水中游动，最后沉降到漏斗底部的水中，打开止水夹取底部 5～15 mL 的水样，在显微镜下观察鉴定其中的线虫。如果线虫数量少，可静置或用离心机离心（1 500 r/min，2～3 min）后，待线虫沉降后再检查鉴定。改进型贝尔曼漏斗法又称浅盘漏斗法，即把样品放在铺有面巾纸或纱布的小筛盘中，增加样品与水的接触面积。

从媒介天牛体内分离通常也采用贝尔曼漏斗法，利用引诱剂或诱木等野外采集天牛成虫，剪碎虫体后，使用贝尔曼漏斗法进行分离（图 5.2）。

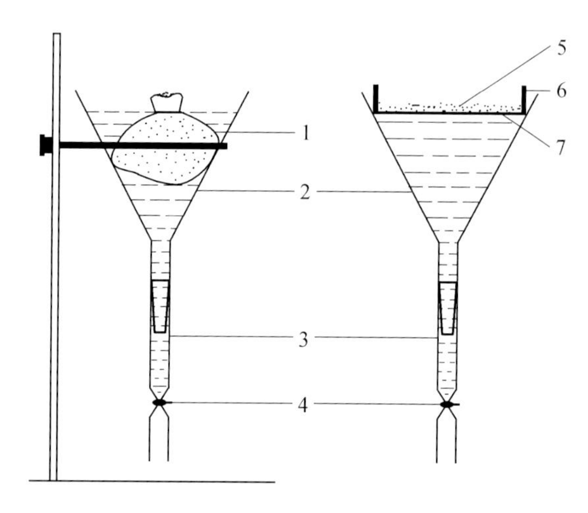

（a）贝尔曼漏斗法　　（b）改进贝尔曼漏斗法

图 5.2　贝尔曼漏斗法

1—用纱布或面巾纸包裹的样品；2—漏斗；3—乳胶管；4—止水夹；
5—样品；6—筛盘；7—纱布或面巾纸

二、松材线虫的鉴定

松材线虫属线虫门（Nematoda）、侧尾腺纲（Secementea）、滑刃目（Aphelenchida）、寄生滑刃科（Parasiaphelenchidae）（滑刃科（Aphelenchidae））、伞滑刃属（*Bursaphelenchus*）。常规显微镜形态鉴定适用于雌雄成虫。成虫的中食道球发育良好，唇区高并具一缢缩；体形细长，卵呈椭圆形。松材线虫雌虫绝大部分为圆尾，极少部分有小尾突（不超过 2 μm），而主要近似种拟松材线虫（*Bursaphelenchus mucronatus*）的雌虫尾突更明显（3.5 μm 以上）。雌虫体宽圆，近圆柱形，阴门有一宽的阴门盖，阴门位于体长的 7/10 至 4/5 处。雄虫交合刺粗壮，弓形，具尖锐的喙突和盘状突起末端（图 5.3）。

分子检测适用于各虫态，可采用 PCR 检测技术判别是否为松材线虫。松材线虫分离、培养、检测鉴定的具体方法可参照国家标准《松材线虫病检疫技术规程》（GB/T 23476—2009）进行。

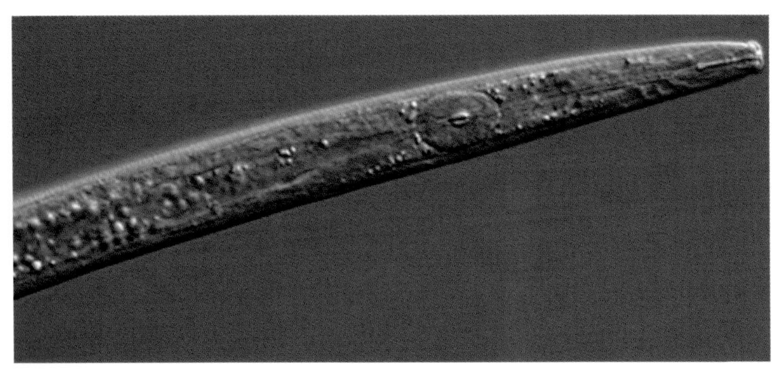

（a）雌虫体前部

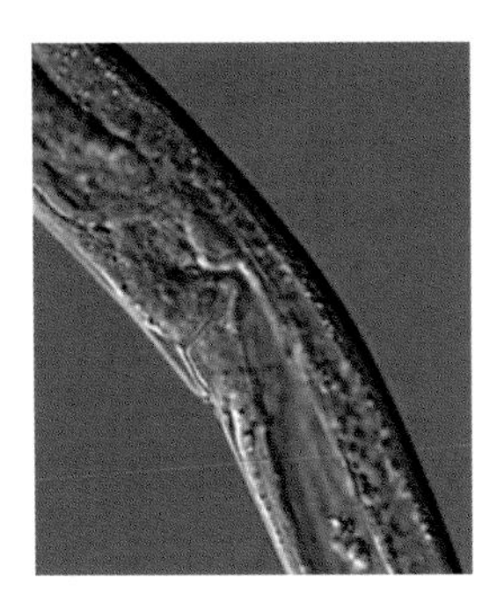

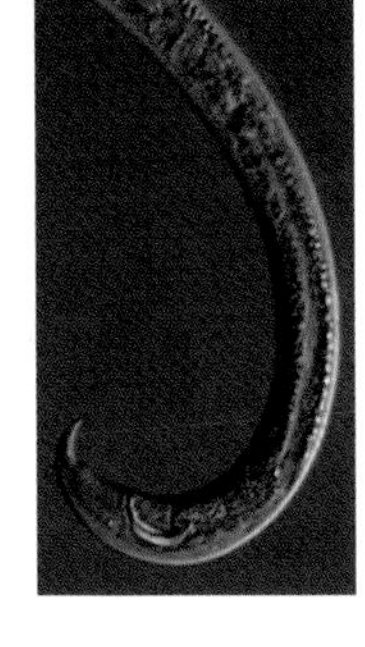

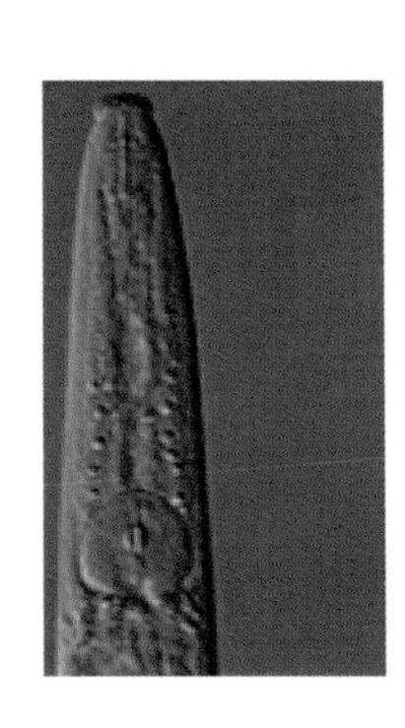

（b）雌虫阴门　（c）雄虫尾部及交合刺　（d）雄虫体前部

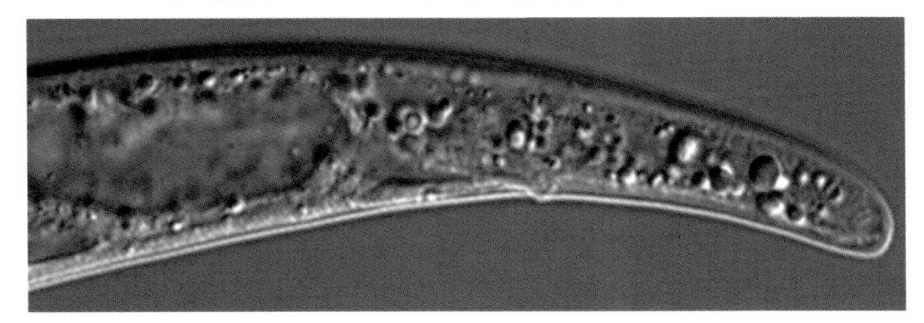

（e）雌虫圆形尾部

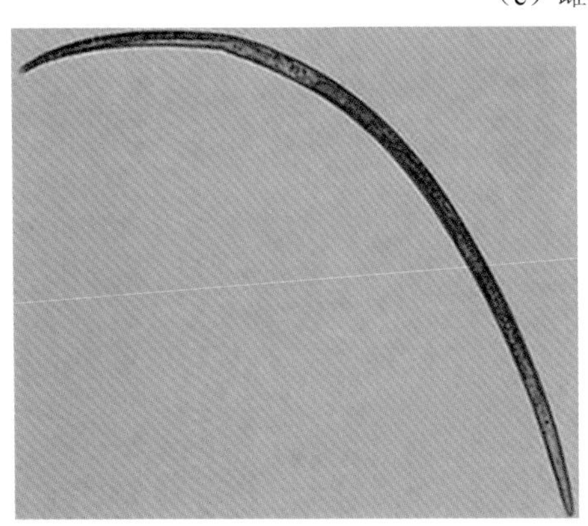

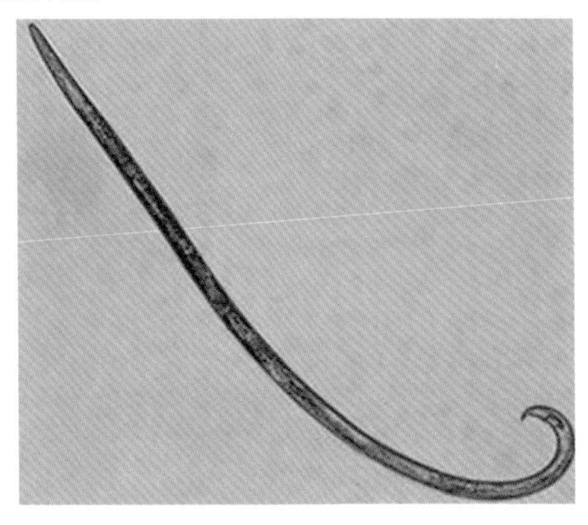

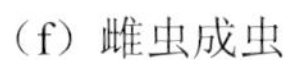

（f）雌虫成虫　（g）雄虫成虫

图 5.3　松材线虫形态特征

第四节　松材线虫媒介昆虫

松材线虫的媒介昆虫目前全球已知有46种，其中天牛科37种（墨天牛属（*Monochamus*）17种，其他属20种），中国的主要媒介昆虫为松墨天牛（*Monochamus alternatus*）和云杉花墨天牛（*Monochamus Saltuarius*）。

一、松墨天牛

松墨天牛（*Monochamus alternatus*），属鞘翅目（Coleoptera）、天牛科（Cerambycidae）、沟胫天牛亚科（Lamiinae）、墨天牛属（*Monochammus*），成虫体长15～28 mm，橙黄色或赤褐色，鞘翅上饰有黑色与灰白色斑点。触角棕栗色，雄虫触角为体长的2～2.5倍，雌虫触角为体长的1.4～1.6倍。前胸背板有2条相当宽的橙黄色纵纹与3 条黑色纵纹相间。小盾片密被橙黄色绒毛。每一鞘翅具5条纵纹，由方形或长方形的黑色及灰白色微毛斑点相间组成。幼虫乳白色，扁圆筒形，体长38～43 mm；头部黑褐色，前胸背板褐色，中央有波状纹（图5.4、图5.5）。

图5.4　松墨天牛雄成虫

图5.5　松墨天牛成虫

松墨天牛分布于我国河北、山东、江苏、浙江、福建、湖南、台湾、广东、广西、四川、陕西等地。主要危害马尾松，其他寄主有黑松、油松、华山松、云南松、冷杉、云杉、雪松、落叶松等。

松墨天牛1年1代，以老熟幼虫越冬；华南1年2代，以幼虫越冬。3月下旬越冬幼虫在虫道末端化蛹，4月开始羽化，成虫5月活动最盛。成虫先啃食嫩树皮补充营养，以后则逐渐移向多年生枝取食。一般在外出10 d左右开始产卵，产卵前在树皮上咬刻槽，卵产于刻槽底、粗皮下与白色内皮之间， 每一刻槽产卵 1 粒至数粒。幼虫孵出后即蛀入皮下蛀食，在内皮和边材部蛀成宽而不规则的平坑，秋天蛀入木质部。成虫喜光，一般在稀疏林分发生较重。成虫从木质部中羽化后即有线虫附着，以头、胸部最多，分布在整个气管系统内。

二、云杉花墨天牛

云杉花墨天牛（*Monochamus saltuarius* Gebler），属鞘翅目（Coleoptera）、天牛科（Cerambycidae）、沟胫天牛亚科（Lamiinae）、墨天牛属（*Monochammus*），成虫体长 11～20 mm，以黑色为主，头部具稀疏的淡黄灰色毛，前胸背板和鞘翅具淡黄或白色斑点；雄虫触角的第 3～11 节均为黑色；雌虫触角的第 3～11 节的基部具白灰色毛，触角长。雄虫鞘翅两边平行，雌虫鞘翅从基部开始向后部略微扩大，鞘翅端部均圆形。腹板短“V”形，腹末微凹。雌虫臀角每边具一簇稠密长毛；雄虫臀角圆形，具均匀的褐色刚毛。蛹为乳白色，体长 14～20 mm，腹宽 4.5～4.8 mm，前额区具大量微刺，尾突顶端具长而大的硬化微刺（图 5.6、图 5.7）。

图 5.6　云杉花墨天牛成虫

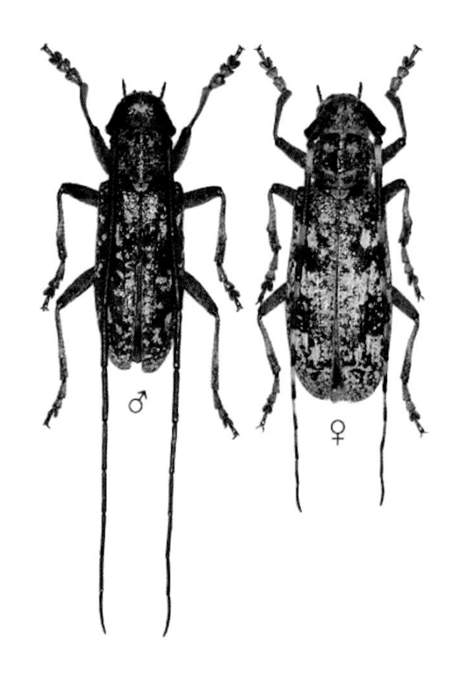

图 5.7　云杉花墨天牛雌雄成虫

云杉花墨天牛广泛分布于我国的河北、山西、辽宁、吉林、黑龙江、内蒙古、甘肃、陕西、新疆等北方地区，寄主植物主要有红松、油松、樟子松和落叶松等。

云杉花墨天牛 1 年 1 代，以幼虫在木质部虫道内越冬，翌年春天幼虫在虫道末端作蛹室化蛹。在辽宁抚顺地区，成虫 5 月中旬左右开始羽化，在 5 月下旬和 7 月下旬分别有两个羽化高峰期，成虫持续期大约 110 d。成虫有假死习性。羽化后主要取食红松和油松新梢、新枝和针叶及落叶松针叶。成虫一生可交尾多次，雌虫在濒死木或新死木树干上产卵，刻槽为长棱形，产卵量 11～25 粒，平均 21 粒，卵期 9 d。

第五节　松材线虫侵染循环

松材线虫的生活史分为两种不同的生活类型，即扩散型（Dispersal mode）和繁殖型（Propagation mode）。当外界条件适合繁殖时，松材线虫进入繁殖周期。繁殖型松材线虫的生活史全部在松树体内完成。春末夏初时，体内携带松材线虫的媒介昆虫在健康树上取食时线虫就经伤口进入松树体内，开始了繁殖周期。在 25～28 ℃条件下每隔 4～5 d 1 代，重复出现卵、幼虫（L1、L2、L3 和 L4）和成虫 6 个繁殖阶段。当外界环境变恶劣，如松树出现水分下降、营养物质缺乏或气温降低时，2 龄幼虫蜕皮为扩散型 3 龄幼虫，进入扩散型周期。扩散型周期的线虫虫态主要为扩散型 3 龄幼虫和处于休眠状态的少部分成虫，其角质层加厚，体内脂肪等物质积累形成颗粒状物质，导致虫体颜色加深，抵抗干旱、低温、缺乏食物等恶劣环境的能力增强。越冬后，扩散型 3 龄幼虫开始变为扩散型 4 龄幼虫，聚集在天牛幼虫蛹室附近，随着天牛的羽化及补充营养而转移到新的立木中，再次进入繁殖型周期，然后蜕皮为成虫，完成侵染循环（图 5.8）。

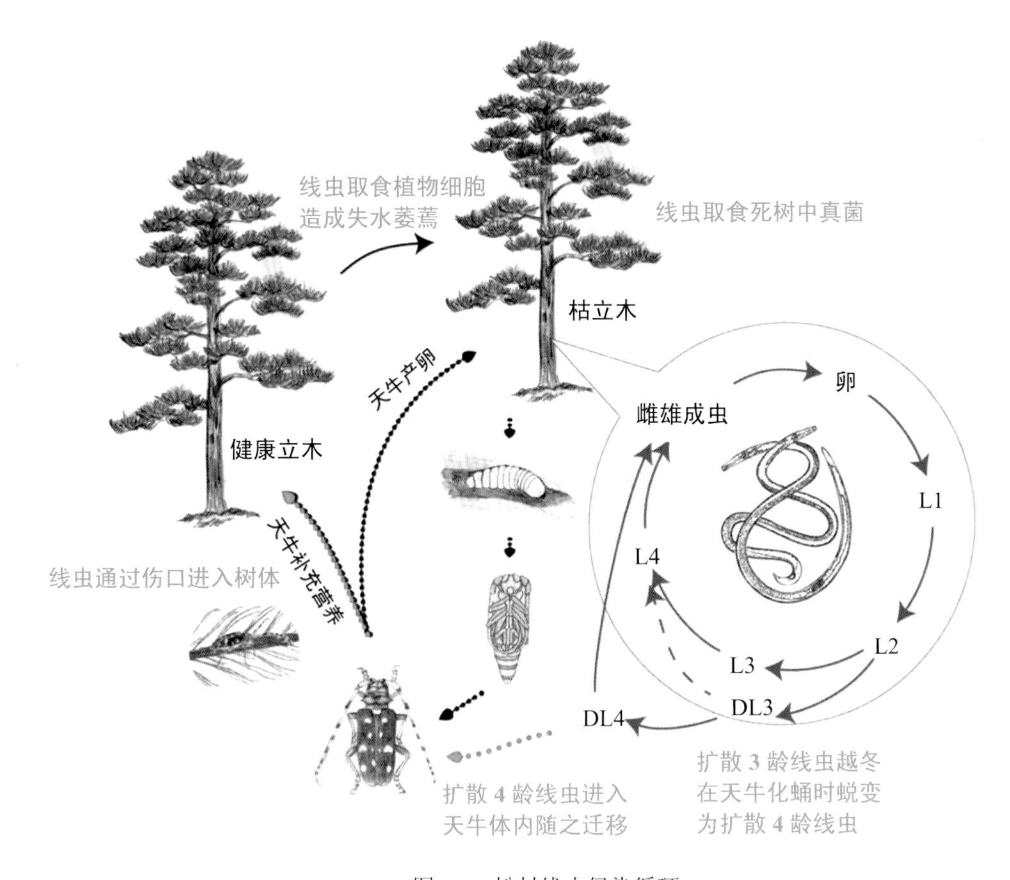

图 5.8　松材线虫侵染循环

第六节　松材线虫病防治技术

松材线虫病自 1982 年在我国首次发现以来，疫情快速扩散，造成严重危害，威胁我国生态安全、生物安全和经济发展。国家林业和草原局已开展过全国松材线虫病疫木检疫执法专项行动，严厉打击违法违规采伐、运输、加工、经营和使用疫木行为，并研究制定了《松材线虫病生态灾害督办问责办法》，加大疫情防治问责力度。根据《国家林业和草原局关于科学防控松材线虫病疫情的指导意见》（林生发〔2021〕30 号），松材线虫病防治总体思想为以习近平生态文明思想为指导，遵循“预防为主、治理为要、监管为重”的防控理念，健全政府主导、部门协作、社会参与的工作机制，按照重点拔除、逐步压缩、全面控制的目标要求，实行分区分级管理、科学精准施策，开展疫情防控攻坚行动，坚决遏制松材线虫病疫情严重发生和扩散蔓延的势头，维护国家生态安全。

一、疫情监测与普查

疫情监测是预防成灾的最有效措施，新发疫情要实现“早发现、早报告，早除治、早拔除”。地方林业主管部门应当加强松材线虫病疫情监测调查，根据我国制定的《松材线虫病普查监测技术规程》（GB/T 23478—2009）并结合当地实际，制定疫情普查具体方案，定期对辖区内松科植物开展疫情日常监测和专项普查。

1. 日常监测

监测是否有松树枯死等异常情况，原则上每月对辖区内松林进行定期巡查一次，可采用地面巡查以及遥感巡查的方式，一旦发现松树死亡等异常情况，及时标注或处理并立即报告当地林业主管部门。

地面巡查是根据当地松林分布、平时发现的枯死松树以及道路等情况，设计调查线路开展的监测。如发现死树等异常情况要查清发生地点、范围、树种、发生面积（分为纯林、混交林，以小班为单位统计）、死树数量等，用手机或 GPS 定位及拍照，确定枯死树位置和特征及分布边界，绘制分布示意图、分布详图。遥感调查是对地形复杂、山高林密、重点区域、人力不能到达的松林区开展的调查。在阔叶树树叶变色前，利用无人机或其他航空遥感技术手段实施大面积松林实时监测，适时对松材线虫病危害区域地理位置进行 GPS 标定，并利用多光谱技术结合矢量化的小班资料数据，初步确定其发生范围、面积和危害程度。利用航天卫星进行灾情周期性、重复的观测，动态跟踪当地灾情发生发展变化情况，提高松材线虫病疫情监测能力。

监测范围包括辖区内所有松林，重点是与疫区毗邻地带、交通沿线、港口、风景区以及松木制品生产和使用单位、建筑工地、仓库、驻军营房、城镇、木材集散地、移动通信站、电视发射台、高压线塔、电缆线路、光缆线路、高压线路等附近的松林。

2. 专项普查

专项普查指对本行政区内所有松林进行普查，每年普查不得少于 2 次。一般秋季普查在每年 8～10 月份进行,春季普查在每年 3～5 月份进行。

对于疫情发生区，要查清病死树数量及其发生（分布）范围、发生（分布）面积（以小班面积为准，孤立松林以实际面积统计），并以资源分布图为基础绘制疫情发生的电子分布图表（省级到县，市级到乡，县级到小班）。对于非疫情发生区，则调查是否有松树枯死等异常情况。如发现松树枯死（异常）等情况的，要进一步查清其分布地点、树种、面积、枯死（异常）株数，以及媒介昆虫情况，绘制松树枯死情况分布图表（省级到县，市级到乡，县级到小班）。

普查方法包括踏查和详查。踏查指根据当地松林分布的特点，设计出便于观察全部林分的踏查路线，沿踏查路线用目测方法或借用望远镜查找有无枯死树，或有无出现针叶褪色、黄化、枯萎、呈红褐色等症状的松树。详查是指如踏查发现松树异常情况时，要对其分布地点、林分状况、发生面积、数量、受害程度、周边环境等信息进行详细调查，对枯死或异常松树进行 GPS 定位，并进行取样、分离鉴定，确定是否发生疫情。

二、检疫封锁

人为传播在松材线虫的传播中起到了重要作用，而检疫是预防传播扩散最有效的措施。松材线虫病常随疫木进行远距离传播，要加强松科植物、电缆盘、光缆盘、木质包装材料等的检疫，严防松材线虫病疫情传播危害。

地方各级林业植物检疫机构应当加强对辖区内涉木单位和个人的监管，建立电网、通信、公路、铁路、水电等建设工程施工报告制度，完善涉木企业及个人登记备案制度，建立省市县三级加工、经营和使用松木单位和个人档案，定期开展检疫检查。

加强辖区内涉木单位和个人的检疫检查，定期开展专项执法行动，严厉打击违法违规加工、经营和使用疫木的行为。

加强电缆盘、光缆盘、木质包装材料等的复检，严防松材线虫病疫情传播危害。

三、疫木除治

各地要严格按照《松材线虫病防治技术方案》（林生发〔2018〕110 号）和《松材线虫病疫区和疫木管理办法》（林生发〔2018〕117 号)的规定，不折不扣地落实“以疫木清理为核心、以严格控制疫木源头为根本”的思路，严格执行疫木山场就地粉碎（削片）或烧毁措施，强化疫木管理，全面禁止疫木板材加工和疫木原木利用行为，严防疫木流失。

1. 择伐

择伐适用于所有发生疫情的林分，指对松材线虫疫情发生小班及其周边松林中的病死（枯死、濒死）松树进行采伐。可根据疫情防治需要将择伐范围从疫情发生小班边缘向外延伸 2 000 m，延伸范围内的择伐对象只限于枯死、濒死松树。择伐后应当对采伐迹地上直径超过 1 cm 的枝丫全部清理，择伐的松木和清理的枝丫应当在山场就地全部粉碎（削片）或者烧毁，实行全过程现场监管。媒介昆虫羽化期早于 3 月底的，必须在 3 月底前完成除治性采伐任务，并按照当日采伐当日山场就地处置的要求进行除治。

2. 皆伐

皆伐指对松材线虫疫情发生的小班进行全部采伐。原则上不采取皆伐，对发生面积在 100 亩以下且当年能够实现无疫情的孤立疫点，可采取皆伐措施，并及时进行造林。在冬春媒介昆虫非羽化期内集中进行皆伐。媒介昆虫羽化期早于 3 月底的，必须在 3 月底前完成除治任务并按照当日采伐当日山场就地处置的要求进行除治。皆伐的松木和清理的枝丫应当在山场就地全部粉碎（削片）或者烧毁，实行全过程现场监管。

3. 伐桩处理

伐桩高度不得超过 5 cm。疫木伐除后，在伐桩上放置磷化铝 1～2 片，用 0.8 mm 以上厚度的塑料薄膜覆盖，并用土四周压实塑料薄膜（使用该方法处理期间的最低气温不低于 10 ℃）；也可采取挖出后粉碎（削片）或者烧毁，以及使用钢丝网罩（钢丝直径≥0.12 mm，网目数≥8 目）等方式处理。

4. 疫木处理

（1）粉碎（削片）处理。

粉碎（削片）处理适用于择伐、皆伐以及查获疫木的处理。使用粉碎（削片）机对疫木进行粉碎（削片），粉碎物粒直径不超过 1 cm（削片厚度不超过 0.6 cm）。疫木粉碎（削片）处理应该全过程摄像并存档备查。疫木粉碎（削片）物可在本省市区范围内用于制作纤维板、刨花板、颗粒燃料，以及造纸、制炭等。

（2）烧毁处理。

烧毁处理适用于疫木数量少且不具备粉碎（削片）条件的疫情除治区。就近选取用火安全的空地对采伐下的疫木、1 cm 以上的枝丫全部进行烧毁。疫木和枝丫的烧毁处理应当全过程摄像并存档备查。

（3）钢丝网罩处理。

对于山高坡陡、不通道路、人迹罕至且疫木不能采取粉碎（削片）、烧毁等处理措施的特殊地点，可使用钢丝网罩进行就地处理。除上述情况外，严禁使用。处理方法为使用钢丝直径≥0.12 mm、网目数≥8 目的钢丝网罩包裹疫木，并锁边。

四、媒介昆虫防治

1. 药剂防治

药剂防治适用于松材线虫病防治区和预防区。成片分布的松林应当采取飞机施药防治，零散分布的松树可采取地面施药防治。根据防治需要确定防治区域后，在媒介昆虫羽化初期和第一次喷施药剂的有效期末，选用高效低毒、环境友好的缓释型药剂连续 2 次施药防治。

2. 诱捕器诱杀防治

诱捕器诱杀防治适用于松材线虫病疫情发生林分的中心区域且媒介昆虫虫口密度较高的松林。严禁在疫情发生区和非发生区交界区域使用。在媒介昆虫羽化前 1～5 d 设置诱捕器，一般每 30 亩可设置一套，每套之间的距离约为 150 m，并用卫星定位系统定位，绘制位置示意图。诱捕器要尽量设置在林中相对开阔且通风较好区域。诱捕器应当垂直悬挂，下端距地面 1.5 m 左右，并及时更换诱芯，定期收集和处理媒介昆虫，统计媒介昆虫诱集种类和数量。

3. 立式诱木引诱防治

立式诱木引诱防治适用于媒介昆虫 1 年 1 代的地区。诱木应当设置在松材线虫病疫情除治小班的中心区域，严禁在疫情发生小班边缘的松林使用，严禁在没有粉碎（削片）或者烧毁处理条件的区域使用。在当地媒介昆虫羽化前 2 个月，选取发生区内林间衰弱松树设为诱木，在诱木胸径部环剥 10 cm 宽的环剥带，环剥深度应当至木质部。诱木每 10 亩可设置 1 株，并对每株诱木进行编号和卫星定位系统定位，于每年冬春季媒介昆虫非羽化期，将诱木逐一伐除后全部进行粉碎（削片）或者烧毁处理。

4. 打孔注药

打孔注药适用于古树名木以及公园、景区、寺庙等区域内需要重点保护的松树。

5. 天敌防治

天敌防治适用于松材线虫病预防区内控制媒介昆虫种群密度的辅助措施使用。

参考文献

[1] 李成德. 森林昆虫学[M]. 北京：中国林业出版社，2003.

[2] 王明祖. 中国植物线虫研究[M]. 武汉：湖北科学技术出版社，1998.

[3] 杨宝君，潘宏阳，汤坚. 松材线虫病[M]. 北京：中国林业出版社，2003.

[4] 叶建仁. 松材线虫病诊断与防治技术[M]. 北京：中国林业出版社，2010.

[5] 谢辉. 植物线虫分类学[M]. 北京：高等教育出版社，2005.

[6] 于海英，吴昊，黄瑞芬，等. 辽宁抚顺樟子松松材线虫分离与鉴定[J]. 中国森林病虫，2020，39(2)：6-10.

[7] 张星耀，骆有庆. 中国森林重大生物灾害[M]. 北京：中国林业出版社，2004.

[8] 理永霞，张星耀. 松材线虫入侵扩张趋势分析[J]. 中国森林病虫，2018，37(5)：1-4.

[9] 孙永春. 南京中山陵发现松材线虫[J]. 江苏林业科技，1982(4)：27-47.

[10] 唐丽芙，兰雪辉，陈刚，等. 松墨天牛诱捕监测初报[J]. 农业灾害研究，2012，2(6)：4-6.

[11] 王心同，赵宇翔，郭文辉，等. 我国自然风景区松材线虫病入侵形势与预防对策[J]. 中国森林病虫，2008(2)：39-41.

[12] 叶建仁. 松材线虫病在中国的流行现状、防治技术与对策分析[J]. 林业科学，2019，55(9)：1-10.

[13] 于海英，吴昊. 辽宁发现松材线虫新寄主植物和新传播媒介昆虫[J]. 中国森林病虫，2018，37(5)：61.

[14] 于海英，吴昊，张旭东，等. 落叶松自然条件下感染松材线虫初报[J]. 中国森林病虫，2019，38(4)：7-10.

[15] KIKUCHI T, AL E. Genomic insights into the origin of parasitism in the emerging plant pathogen *Bursaphelenchus xylophilus* [J]. PLoS Pathog, 2011, 7(9): e1002219.

[16] KOBAYASHI F, YAMANE A, IKEDA T. The Japanese pine sawyer beetle as the vector of pine wilt disease [J]. Annual Review of Entomology, 1984, 29(1): 115-135.

[17] MAMIYA Y. Pathology of the Pine Wilt Disease Caused by *Bursaphelenchus xylophilus*[J]. Annu Rev Phytopathol, 1983, 21: 201-220.

[18] NICKLE W R, GOLDEN A M, MAMIYA Y, et al. On the taxonomy and morphology of the pine wood nematode, *Bursaphelenchus xylophilus* (Steiner &Buhrer 1934) Nickle 1970 [J]. J Nematol, 1981, 13(3): 385-392.

[19] WINGFIEL D, AL E. Pathogenicity of *Bursaphelenchus xylophilus* on pines in Minnesota and Wisconsin [J]. Journal of Nematology, 1986, 1(18): 44-49.

第六章　苹果蠹蛾

苹果蠹蛾（*Cydia pomonella* L.），属鳞翅目（Lepidoptera）、卷蛾科（Tortricidae）、小卷蛾亚科（Olethrentinae）、小食心虫族（Grapholitini）、小卷蛾属（*Cydia*），主要危害苹果、梨、桃、核桃等仁果类、核果类果树，是此类果树的毁灭性害虫，主要以幼虫蛀果危害，导致果实成熟前大量脱落或腐烂，严重影响寄主产品的生产和销售，是我国主要的检疫性有害生物。

第一节　苹果蠹蛾发生分布情况

苹果蠹蛾原产地为欧洲东南部，现已遍及欧洲各国，以及亚洲、澳大利亚、新西兰、加拿大、美国、南美洲、非洲等地。

1987 年苹果蠹蛾随旅客携带水果传入我国甘肃省，在敦煌市立足，而后迅速扩散。到 1992 年已遍布敦煌市，30 多个大中型果园受害，损失巨大。成虫可近距离传播，主要以幼虫或蛹随运输果品和繁殖材料远距离传播。

目前，苹果蠹蛾主要发生在我国的新疆、甘肃、宁夏、黑龙江、辽宁、吉林、内蒙古 7 个省、自治区的 144 个县、市、区，发生面积约 50 000 hm^2。

第二节　苹果蠹蛾危害特点与生物学特性

一、危害特点

苹果蠹蛾以幼虫蛀果危害，取食果肉及种子。受害果实表面常有多个虫孔，也有时果面仅留一点状伤疤。幼虫入果后直接向果心蛀食。果实被害后，蛀孔外部逐渐排出黑褐色虫粪，危害严重时常造成大量落果（图 6.1、图 6.2）。

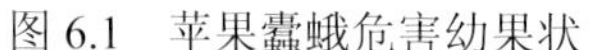

图 6.1　苹果蠹蛾危害幼果状

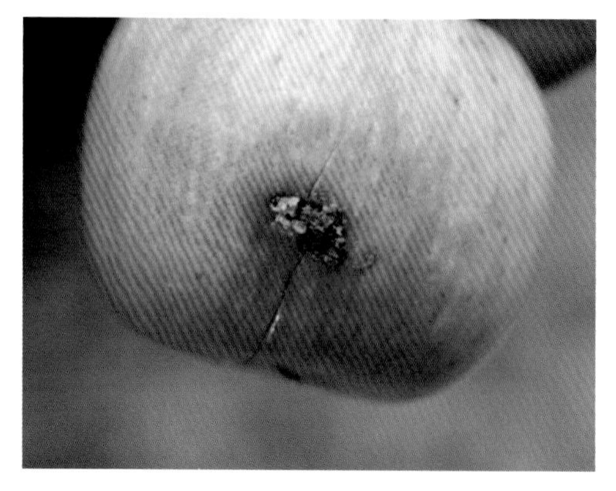

图 6.2　苹果蠹蛾果实受害状

二、形态特征

成虫：体长 8 mm，翅展 15～22 mm，全体灰褐色而带紫色光泽，雄蛾色深，雌蛾色浅。复眼深棕褐色。头部具有发达的灰白色鳞片丛；下唇须向上弯曲，第二节最长，末节着生于第二节末端的下方。前翅肛上纹大，深褐色，椭圆形，有 3 条青铜色条纹，其间显出 4～5 条褐色横纹。翅基部淡褐色，外缘突出略呈三角形，在此区内杂有较深的斜行波状纹；翅的中部颜色最浅，也杂有波状纹。雄蛾腹面中室后缘有一黑褐色条斑，雌蛾无。后翅深褐色，基部较淡（图 6.3）

图 6.3　苹果蠹蛾成虫

幼虫：老熟幼虫体长 14～18 mm。幼龄幼虫淡白色，渐长呈淡红色。头部黄褐色，两侧有较规则的褐色斑纹；肛上纹较前胸背板更浅，上面有淡褐色斑点（图 6.4）。

蛹：长 7～10 mm，黄褐色；复眼黑色；臀棘共 10 根。

卵：扁平椭圆形，中央略隆起；初产时半透明，后发育呈黄色、红色，孵化前能透见幼虫（图 6.5）。

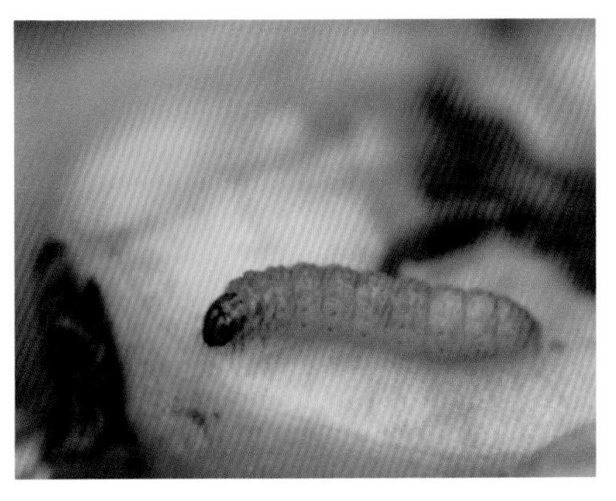

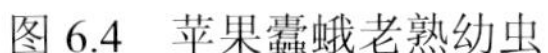
图 6.4　苹果蠹蛾老熟幼虫

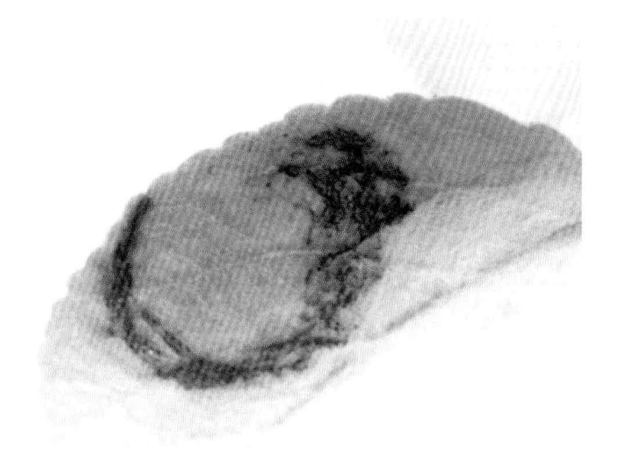

图 6.5　苹果蠹蛾卵

三、生物学特性

苹果蠹蛾在新疆地区 1 年发生 2～3 代，以老熟幼虫在树干粗皮裂缝内、翘皮下、树洞中及主枝分叉处缝隙内结茧越冬。翌年春季日均气温高于 10 ℃时开始化蛹，日均气温 16～17 ℃时进入成虫羽化高峰期。在新疆地区 3 个世代的成虫发生高峰分别出现在 5 月上旬、7 月中下旬和 8 月下旬，有世代重叠现象。成虫有趋光性。卵散产于叶片背面和果实上。初孵幼虫先在果面上爬行，寻找适宜处蛀入果内。幼虫有转果危害习性，有时一个果实内同时有几头幼虫危害。老熟幼虫脱果后爬到树干缝隙处或地上隐蔽物下及土中结茧化蛹。

四、传播途径

苹果蠹蛾为小蛾类害虫，在田间最大飞行距离只有 500 m 左右，自身扩散能力较差，主要以幼虫随果品、果制品、包装物及运输工具远距离传播。

第三节　苹果蠹蛾防治技术

苹果蠹蛾具有传播快、防治难、危害大的特点，因此防控要贯彻“预防为主、综合防治”的方针，以营林措施防治为基础，配合化学防治、物理防治、生物防治、检疫防控等多种方法，实行综合治理。

一、营林措施

1. 清洁果园，加强管理

及时摘除树上的虫蛀果和收集地面上的落果，清理下来的虫蛀果集中堆放并进行深埋。同时，及时清除果园中的废弃纸箱、废木堆、废弃化肥袋、杂草、灌木丛等所有可能为苹果蠹蛾提供越夏越冬场所的材料和设施。

2. 刮老翘皮，清除虫源

在冬季果树休眠期及早春发芽之前，刮除果树主干和主枝上的粗皮、翘皮，以消灭越冬虫体。刮树皮时，地面上放置铺垫物，将被刮除的树皮和越冬害虫全面收集，然后集中烧毁或深埋。刮完树皮后，可用波美 5 度的石硫合剂涂刷果树主干和主枝，或用生石灰、石硫合剂、食盐、黏土和水，按 10∶2∶2∶2∶40 的比例混合，再加少量氨戊菊酶制成的涂白剂涂刷果树主干和主枝。

3. 束草、布环诱集幼虫

人工营造苹果蠹蛾化蛹和越夏、越冬的场所，诱集老熟幼虫。每年 6 月中旬，用胡麻草或粗麻布在果树的主干及主要分枝处绑缚宽 15～20 cm 的草、布环，诱集苹果蠹蛾老熟幼虫，然后于果实采收之后取下草、布环集中烧毁，杀死老熟幼虫。防治时，还可于 6 月下旬至 7 月上旬在草、布环上喷高浓度杀虫药剂，防治效果更好。

4. 果实套袋，阻止蛀果

在苹果蠹蛾越冬代成虫的产卵盛期前，果实套袋阻止其危害。果实套袋的果树，要精细修剪、适量留花留果。套袋前要将整捆果实袋放于潮湿处，使之返潮柔韧，以便使用。套袋时，先撑开袋口，托起袋底，使两底角通气、放水口张开，使袋体膨起，然后手执袋口下 2～3 cm 处，套住果实后，从中间向两侧依次按折扇方式折叠袋口，于丝口上方从连接点处撕开，将捆扎丝沿袋口扎紧即可。

5. 高接换优，停产休园

对于危害严重且果实品质较差的果园，可对全园果树实行一次性高接换优，并连续两年内不让果树结果，以阻断苹果蠹蛾生长发育环境，有效防治苹果蠹蛾，提升果品质量。

6. 集约经营，清除疫源

要加强营林改造，改造周围树种中的苹果蠹蛾寄主植物树种，清除防治死角虫源树，减少其传播蔓延。

此外，在果实入窖时应严格挑选，防止幼虫随蛀果越冬。也可于成虫期在果树上悬挂卫生球，影响成虫交尾产卵，减少种群数量。

二、物理防治

1. 迷向防治

在春季越冬代成虫刚刚开始羽化之时，即监测诱捕器第一次捕获苹果蠹蛾成虫之时，在果树树冠上部 1/3 处距地面高度不低于 1.7 m 通风较好的枝条上悬挂迷向丝，每公顷果园全年信息素释放量不低于 45 g，具体使用时可根据发散器信息素含量计算悬挂个数（图 6.6、图 6.7）。

图 6.6　悬挂迷向丝干扰苹果蠹蛾交尾

图 6.7　苹果蠹蛾性引诱剂诱捕器

2. 灯光诱杀

结合当地气候情况，在成虫发生期用杀虫灯捕杀成虫。杀虫灯的设置密度为 1 盏/（25～30）亩，成棋盘式或闭环式分布。杀虫灯的安放高度应高出果树的树冠并定期清理。

三、生物防治

积极保护苹果蠹蛾的天敌并促进其种群的增加。苹果蠹蛾的天敌有鸟类、蜘蛛、步甲、寄生蜂、真菌、线虫等。还可通过释放赤眼蜂、喷施苏云金杆菌和 *Granulosis virus*（GV）颗粒病毒等寄生蜂和生物制剂进行防治。在苹果蠹蛾成虫产卵高峰期释放赤眼蜂，在各代成虫产卵高峰前后各释放赤眼蜂 1 次，间隔 3～5 d；在果园内赤眼蜂卡间隔距离 5～8 m。

四、化学药剂防控

1. 可使用的药剂

可使用的药剂有 3%高渗苯氧威 2 000～3 000 倍液、25%阿维·灭幼脲 2 000～3 000 倍液、胺甲萘（甲萘威、西维因）、虫酰肼（米满、抑虫肼）、氯菊酶（二氯苯醚菊酯）等。应尽量选择无公害药剂，同时应根据苹果蠹蛾的发生规律和不同农药的残效期选用药剂，此外，还可选用不同类型、不同作用机理的农药搭配使用。

2. 防治时间

防治时间为自每个世代的卵孵化至初龄幼虫蛀果之前。鉴于第 1 世代幼虫的发生相对比较整齐，可将第 1 世代幼虫作为化学药剂防控的重点。

3. 施药方法

在每年世代幼虫出现高峰期时集中喷药至少 1 次。若喷施毒性小、残效期短的农药，可连续喷施2～3次。不同杀虫剂的具体施用量、施用方法和药效残存期参见相关规定。化学防治时应尽量在同一生态区统一组织群众进行联合防治。

第四节　苹果蠹蛾监测技术

一、调查范围

苹果蠹蛾的适生区为北纬23.2°～48.0°、东经75.1°～132.6°、有效积温在230日度的区域。北京、河北、山西、内蒙古、辽宁、吉林、黑龙江、江苏、安徽、福建、江西、山东、河南、湖北、湖南、重庆、四川、贵州、云南、西藏、陕西、甘肃、宁夏、新疆、青海等省、自治区、直辖市属于该区域，应适时开展苹果蠹蛾的虫情调查和监测。其中，人口密集的城镇、大中型水果交易市场或集散地周边地区3 km以内的苹果蠹蛾可寄生的果园，国道及主要省道两侧1 km范围内苹果蠹蛾可寄生的果园，新疫情发生地周边15 km范围内苹果蠹蛾可寄生的果园作为重点调查监测区域。

二、成虫期调查

成虫期调查主要以诱捕器调查为主，即以诱捕到的苹果蠹蛾雄成虫数量来调查该虫的发生状况。具体方法如下。

1. 诱捕器及诱芯的选用

一般使用三角胶粘式诱捕器诱捕。诱芯的载体中空，由硅橡胶制成，每个重0.3～0.5 g。每个诱芯的性信息素含量不低于0.001 g，纯度为90%～97%。成品诱芯应放置在密闭塑料袋内，保存于冰箱中（冰箱温度控制于1～5 ℃），保存时间不超过1年。

2. 调查时间

一般在4月中下旬（成虫羽化前7～10 d）开始至10月下旬结束。

3. 调查点的选取

在全面踏查，掌握本地苹果蠹蛾寄主分布和疫情分布情况的基础上，结合本地的交通、水果流通渠道等选取调查点。调查点的选取要具有代表性。在疫情发生地，应根据苹果蠹蛾危害程度及调查的需要分别选取不同受害程度的果园作为调查点，调查掌握种群动态；在疫情发生地的外围，重点选择外围15 km范围内的果园作为调查点，调查掌握传播扩散情况；在未发生区，重点选取人口密集的城镇、大中型水果交易市场或集散地周边地区3 km以内或国道及主要省道两侧1 km范围内的果园作为调查点，调查掌握发生情况。

4. 诱捕器安放位置

诱捕器安放于苹果蠹蛾的寄主植物上，若没有寄主植物，也可安放于其他树木上。三角胶粘式诱捕器的悬挂高度一般为果树树冠上部1/3处、通风较好且稍粗的枝条上，距地面高度不低于1.7 m。每个调查点设置5个诱捕器，每个诱捕器的调查控制面积不少于1亩。

5. 诱捕器的检查与维护

定期检查成虫的诱捕情况，及时清理粘虫板上的昆虫及植物残片。如在检查中发现诱捕器丢失或损坏，及时补换。诱捕器诱芯每3～4周更换一次，粘虫胶板根据黏虫数量进行更换。

6. 数据记录

调查时，每3 d检查诱捕器的诱捕情况，记录诱捕结果，并填写《苹果蠹蛾诱集监测记录表》（表6.1）。

表6.1　苹果蠹蛾诱集监测记录表

监测单位：

基本信息　　　　捕获数量/检查日期

监测点地点（乡镇/村）	寄主植物	诱捕器类型	诱捕器编号	日	日	日	日	日	日	日	日	日	日
			合计										

监测人：　　　　监测时间：　　年　　月　　日

三、幼虫期调查

幼虫期调查主要采用抽样调查的方法确定苹果蠹蛾幼虫的蛀果率及危害状况。

1. 调查时间

每年2次抽样调查，分别为5月下旬至6月上旬（第1代幼虫危害期）及8月中、下旬（第2代幼虫危害期）。

2. 调查点的选取

结合成虫调查点选取幼虫调查点，宜选在成虫调查点附近，以便使幼虫调查结果能够与成虫诱捕器调查结果进行比较，并相互补充。

3. 取样方法

如所调查的果园面积较大，可采用棋盘式取样，每块样地随机取 10 个样点；如调查点果树分散，可以在调查点附近随机选取 10 个样点；若某种果树在调查点区域内数量较少，同样可在调查点附近随机选取 10 个样点。在各个样点选取同一类果树的同一品种，用目测检查的方法调查 100 个果实，对发现的虫果剖果检查，确认是否为苹果蠹蛾幼虫。记录检查结果，并填写苹果蠹蛾蛀果情况调查表（表 6.2）。

表 6.2 苹果蠹蛾蛀果情况调查表

调查单位：

样点编号	监测点位置（乡镇/村）	寄主种类（品种）	调查果数	苹果蠹蛾蛀果数	其他食心虫		标本编号
					数量	种类	

注：如有标本，标本编号与采得幼虫标本标签上的编号对应，以备日后查询。

调查人： 调查时间： 年 月 日

四、卵期调查

卵期调查主要通过调查苹果蠹蛾寄主的果枝确定该虫的产卵情况，一般在寄主阳面和背风处的果枝上产卵量大，调查时应注意。具体方法为：每年 5 月中、下旬随机选取 10 株树，在这些果树的树冠上半部分共调查 100 个果枝，检查这些果枝上的果实表面、叶片表面以及果（叶）簇生的基部雌性苹果蠹蛾产卵的数量，记录成虫产卵情况。

五、疫情诊断

1. 现场诊断

如发现可疑的成（幼）虫，可根据成（幼）虫的形态特征以及果树的受害症状作出诊断，并采集有关标本。

2. 室内诊断

经现场诊断，难以下结论的，取样带回实验室，在立体显微镜下作进一步鉴定，监测单位不能鉴定种类时，送省级以上植物检疫机构或其他指定的科研教学单位鉴定，送检时应填写有害生物样本送检表（表 6.3）。首次鉴定的标本需要保存。

表 6.3　有害生物样本送检表

<table>
<tr><td colspan="8">送样单位：</td></tr>
<tr><td colspan="2">通信地址</td><td colspan="4"></td><td>邮编</td><td colspan="2"></td></tr>
<tr><td>送样人</td><td></td><td>电话</td><td></td><td>传真</td><td></td><td>E-mail</td><td></td></tr>
<tr><td>标本编号</td><td></td><td>标本类型</td><td></td><td>样本数量</td><td colspan="3"></td></tr>
<tr><td>采样人</td><td colspan="3"></td><td>采集地点</td><td colspan="3"></td></tr>
<tr><td>海拔高度</td><td></td><td>寄主植物</td><td colspan="2"></td><td>采集方式</td><td colspan="2"></td></tr>
<tr><td>采集场所</td><td></td><td>处理方式</td><td colspan="2"></td><td>危害部位</td><td colspan="2"></td></tr>
<tr><td colspan="8">危害状描述（或图片）</td></tr>
</table>

3. 标本保存

采集到的成虫制作成针插标本；卵、幼虫、蛹可放入指形管中，注入福尔马林、乙醇、冰醋酸混合液（5 份福尔马林、15 份 80%乙醇、1 份冰醋酸混合而成），上塞并用蜡封好后，认真地填写标本的标签，连同标本一起妥善保存。

六、监测记录与档案

详细记录、汇总监测区内调查结果。各项监测的原始记录连同影像资料等其他材料妥善保存于植物检疫机构。

七、监测报告

县级植物检疫机构对监测结果进行整理汇总形成监测报告，并按要求逐级上报。在监测时期内，疫情发生区的县级植物检疫机构应按时填写苹果蠹蛾诱集监测月报表（表 6.4）并上报。发现新疫情或原有疫点苹果蠹蛾暴发并呈迅速扩散趋势时，应立即报告。

表 6.4　苹果蠹蛾诱集监测月报表

时间：　　年　　月

监测地点（乡镇/村）	诱捕器类型	诱捕器数量	月诱集量/头	监测员	监测单位

第五节　苹果蠹蛾检疫检验技术

苹果蠹蛾是重要检疫性害虫，主要通过果品及包装物随运输工具远距离传播。为防止害虫从疫区向外传播蔓延，应该加强检疫检查，禁止废弃果及未经检疫的其他苹果蠹蛾寄主植物产品调出；将果园和水果集散地上所有的废弃果实集中深埋处理；对运输水果过境的车辆进行检疫，对携带疫情的果品进行检疫处理。

一、产地检疫

苹果蠹蛾适生区范围内的所有地区，均应对辖区内所有苹果蠹蛾的寄主植物及其果实进行严格的产地检疫，以防止该虫随果品、寄主植物传播扩散。苹果蠹蛾的检疫检验方法、步骤及产地检疫相关要求参照《中国林业检疫性有害生物及检疫技术操作办法》和《森林植物检疫技术规程》（林护通字〔1998〕43 号）。

二、调运检疫

苹果蠹蛾寄主植物及其果实调运前应按照有关规定开展检疫。林业植物检疫检查站或具有检疫检查职责的木材检查站应依法严格开展检疫检查，一旦发现虫情，及时就地除害处理，防止疫情传播。各级林业植物检疫机构应及时对调入的苹果蠹蛾寄主植物及其果实进行复检。苹果蠹蛾检疫检验技术和除害处理方法参照《中国林业检疫性有害生物及检疫技术操作办法》。此外，各地还应加强对水果市场或集散地的检疫检查，及时发现虫情，及时处理。

第二篇　通辽主要林业有害生物

本篇收录了青杨天牛、光肩星天牛、白杨透翅蛾、微红梢斑螟、舞毒蛾、榆紫叶甲、榆绿毛萤叶甲、春尺蠖、杨潜叶跳象、油松毛虫、落叶松毛虫、杨扇舟蛾、杨毒蛾、柳毒蛾、黑绒鳃金龟、黄刺蛾、黄褐天幕毛虫、草原鼢鼠、达乌尔黄鼠19种本土主要林业有害生物及其防治技术。

第七章　钻蛀性害虫

钻蛀性害虫以幼虫期危害为主，将寄主蛀食成孔洞、隧道，使养料、水分输送受阻，树易折断，严重的枯萎死亡，有的还传播病害，如松褐天牛传播松材线虫病。主要类群有鞘翅目天牛、吉丁类，鳞翅目木蠹蛾、透翅蛾、螟蛾类，膜翅目茎蜂、树蜂类等。

第一节　青杨天牛

青杨天牛（*Saperda populnea* L.），属鞘翅目（Coleoptera）、天牛科（Cerambycidae），又名青杨楔天牛、山杨天牛、杨枝天牛，是全国林业危险性有害生物。

一、分布与危害

分布于库伦旗、开鲁县、科尔沁区、奈曼旗、扎鲁特旗等地。寄主植物主要是杨、柳树。危害杨属、柳属植物的 2、3 年生苗木和幼树的主梢，在苗圃和幼林中易造成重大损失。

二、主要形态特征

成虫：雄成虫体长 11 mm，雌成虫体长 13 mm。黑色，密布金黄色和黑色茸毛。前胸略呈梯形，其上有 3 条黄色线带。无侧刺突，背面平坦，两侧各具 1 条较宽的金黄色纵带。鞘翅满布黑色粗糙刻点，并有黄色绒毛，两鞘翅上各生有 4 个金黄色茸毛斑，第一对相距较近，第二对相距最远，第三对最近，第四对稍远。雄成虫触角与体长相等，色深。雌成虫触角比体长短，色浅（图 7.1、图 7.2）。

图 7.1　青杨天牛成虫

图 7.2　青杨天牛成虫交尾

卵：长 2.4 mm，初产乳白色，圆筒形，中央稍弯曲，两头稍尖。

幼虫：初孵时乳白色，中龄浅黄色，老熟时深黄色，头黄褐色，头盖缩入前胸很深，前胸背板骨化，身体背面有 1 条明显中线（图 7.3）。

蛹：长 11～15 mm，初期乳白色，后变为褐色，背中线明显。

三、生物学特性

1 年发生 1 代，以老熟幼虫在树枝的虫瘿内越冬（图 7.4），翌年春天开始化蛹，成虫羽化后常取食树叶边缘作为补充营养，2～5 d 后交尾，成虫一生可交尾多次，交尾后约 2 d 开始产卵。产卵前先用产卵器在枝梢上试探，然后用上颚咬成马蹄形刻槽，产卵其中，每雌平均产卵 40 粒左右。初孵幼虫向刻槽两边的韧皮部侵害，10～15 d 后蛀入木质部，被害部位逐渐膨大，形成椭圆形虫瘿，10 月上旬幼虫老熟，将蛀下的木屑堆塞在虫道末端，即为蛹室，幼虫在其内越冬。

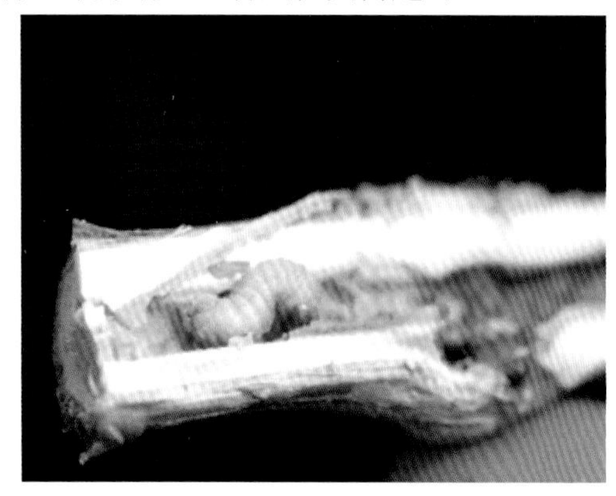

图 7.3　青杨天牛幼虫

图 7.4　青杨天牛虫瘿

青杨天牛是开鲁县、奈曼旗国家级中心测报点的主测对象。根据奈曼旗国家级中心测报点观测数据，4 月 9 日青杨天牛初蛹，4 月 23 日复眼变褐，4 月 27 日出现仆斑，5 月 5 日开始羽化，成虫羽化始盛期在 5 月 5 日，高峰期在 5 月 9 日，盛末期在 5 月 17 日，成虫雌雄比为 3∶2。

四、防治方法

1. 营林措施

加强苗木出圃的检疫工作，禁止带有青杨天牛活体的苗木出圃，把好复检关。

2. 物理防治

冬季对苗圃 2～3 年生幼树和新植林木剪除虫瘿，强度修枝并集中烧毁，降低虫口密度。春季采取人工砸马蹄形卵痕的方法，每隔 7～10 d 一次，连续 2～3 次。

3. 药剂防治

5 月中旬成虫期在树冠、树干上喷洒绿色威雷 200～300 倍液或超低量喷雾，每隔 7～10 d 喷洒一次。于 6～9 月幼虫期在树干基部打孔注射 5%吡虫啉乳油，用量为每厘米胸径 0.3～0.5 mL，或用吡虫啉 10 倍液点涂被害部位。

第二节 光肩星天牛

光肩星天牛（*Anoplophora glabripennis*（Motsch.）），属鞘翅目（Coleoptera）、天牛科（Cerambycidae），又名亚洲长角天牛，是全国林业危险性有害生物。

一、分布与危害

分布于科尔沁区城区、科左后旗甘旗卡镇内、开鲁县开鲁镇内、库伦旗库伦镇内等地的行道树上。寄主植物为杨、柳、榆、槭等。主要以幼虫蛀食木质部，成虫补充营养时亦可取食寄主叶柄、叶片及小枝皮层，严重发生时被害树木千疮百孔，风折或枯死，木材失去利用价值。

二、主要形态特征

成虫：雌成虫体长 22～35 mm，雄成虫体长 20～29 mm。体黑色，有光泽，触角鞭状自第三节开始各节基部呈灰蓝色，雌虫触角约为体长的 1.3 倍，最后一节末端为灰白色。雄虫触角约为体长的 2.5 倍，最后一节末端为黑色。前胸两侧各有 1 个刺状突起，鞘翅上各有大小不等的由白色绒毛组成的斑纹 20 个左右（图 7.5）。

卵：乳白色，长 5.5～7 mm，长椭圆形，两端稍弯曲（图 7.6）。

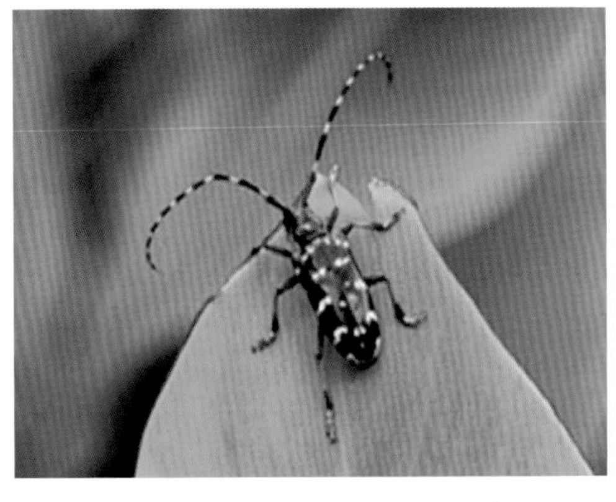

图 7.5 光肩星天牛成虫补充营养

图 7.6 光肩星天牛卵

幼虫：初孵时为乳白色，取食后呈淡红色，头部褐色。老熟幼虫身体带黄色，头盖1/2缩入胸腔中，前段为黑褐色，前胸大而长背板的后半部呈“凸”字形。老熟幼虫体长约50 mm（图7.7）。

蛹：长30～38 mm，纺锤形，初期淡黄色，羽化前为黄褐色至黑色。

图7.7　光肩星天牛老熟幼虫

三、生物学特性

1年发生1代，少数2年1代，卵、幼虫、蛹均能在被害树木内越冬，多数以幼虫越冬。成虫羽化后需补充营养，2～3 d后交尾，在树干上咬出刻槽（图7.8），卵单产于皮下刻槽内，每头成虫平均产卵30粒左右。刻槽的部位从主干距地面0.5 m左右向上都有分布，主要分布在阳面，多在3～6 cm粗的树干上，尤其是侧枝集中、分枝很多的部位最多，树越大，刻槽的部位越高。孵化幼虫取食腐坏韧皮部及形成层，3龄末或4龄以后蛀入木质部形成坑道，翌年老熟幼虫在坑道末端筑蛹室化蛹（图7.9）。成虫一般于6月开始出现，7月上旬至8月上旬为羽化盛期。

图7.8　光肩星天牛刻槽

图7.9　刻槽内幼虫存活排屑

四、防治方法

1. 营林措施

营造混交林；清理被天牛危害严重的成过熟林和衰弱木、濒死木；利用伐根嫁接抗性树种恢复林分；春季展叶前可高干截头，利用萌芽更新恢复林分；将清理下来的被害树干、枝进行熏蒸处理后方可再次利用。

2. 物理防治

于成虫羽化后产卵前发动群众人工捕杀；于卵或低龄幼虫期以锤击刻槽，砸死刻槽内的卵和小幼虫；人工捕杀成虫。

3. 药剂防治

对卵或低龄幼虫，用50%杀螟松乳油100～200倍液对树干上的卵刻槽及排粪孔喷施，杀死卵和树皮下小幼虫；对2龄以上小幼虫，先将蛀孔中的粪便和木屑去除，在蛀孔中插入毒签或磷化铝片用毒泥封孔。

对防治困难的高大树木，采用树干打孔注药的方式，药剂采用40%杀螟松800倍液、5%吡虫啉乳油0.3～0.5 mL/cm或3倍液1 mL/cm。树冠喷洒药剂采用8%氯氰菊酯微囊悬浮剂300～500倍液常量喷雾或100～500倍液超低量喷雾、3%高效氯氰菊酯微囊悬浮剂400～600倍液常量喷雾。

第三节　白杨透翅蛾

白杨透翅蛾（*Parathrene tabaniformis* Rottenberg），属鳞翅目（Lepidoptera）、透翅蛾科（Sesiidae），是全国林业危险性有害生物。

一、分布与危害

分布于科尔沁区。寄主植物为杨、旱柳等，主要以幼虫蛀食树干、枝条，枝梢被害后枯萎下垂，抑制顶芽生长，徒生侧枝，形成秃梢，尤其苗木主干被害处形成瘤状虫瘿，易遭风折。

二、主要形态特征

成虫：体长11～20 mm，翅展22～38 mm，青黑色。头和胸之间有橙色鳞片围绕，头顶有1束黄色毛簇，腹部背面有青黑色而有光泽的鳞片覆盖。中后胸肩板各有2簇橙黄色鳞片，前翅窄长，褐黑色，中室与后缘略透明，后翅全部透明，腹部青黑色，有5条橙黄色环带。雌蛾腹末有黄褐色鳞毛1束（图7.10）。成虫羽化时，遗留下的蛹壳经久不掉。

幼虫：老熟幼虫体长约 30 mm，初龄幼虫淡红色，老熟时黄白色。背面有 2 个深褐色刺，略向背上前方钩起（图 7.11、图 7.12）。

卵：黑色，椭圆形，长 0.6～0.95 mm，表面微凹入，精孔黑色。

蛹：体长约 20 mm，近纺锤形，褐色，腹部 2～7 节背面各有横列倒刺两排，9～10 节背面有横列倒刺一排，腹末有 14 个臀棘，肛门两侧有 2 刺。

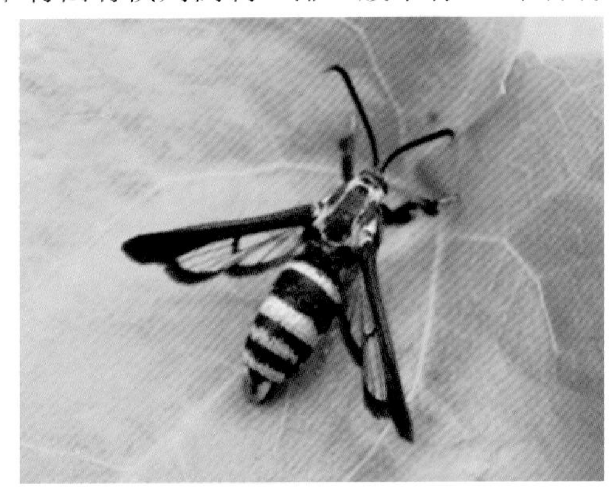

图 7.10　白杨透翅蛾成虫

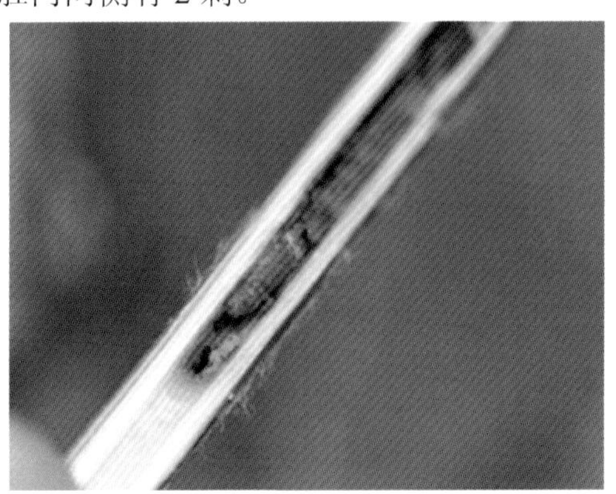

图 7.11　白杨透翅蛾初孵幼虫

三、生物学特性

1 年发生 1 代，以幼虫在枝干虫道内越冬，翌年 4 月下旬恢复取食。5 月末开始化蛹，幼虫化蛹时先在距羽化孔约 5 mm 处吐丝把坑道封闭，并在坑道末端做圆筒形蛹室，6 月初成虫开始羽化，羽化后蛹壳仍留于羽化孔处（图 7.13），成虫喜光，飞翔力很强。羽化当天即交尾产卵，卵量很大，卵多单产于 1～2 年生幼树的叶腋、叶柄基部、伤口、树皮裂缝等处。

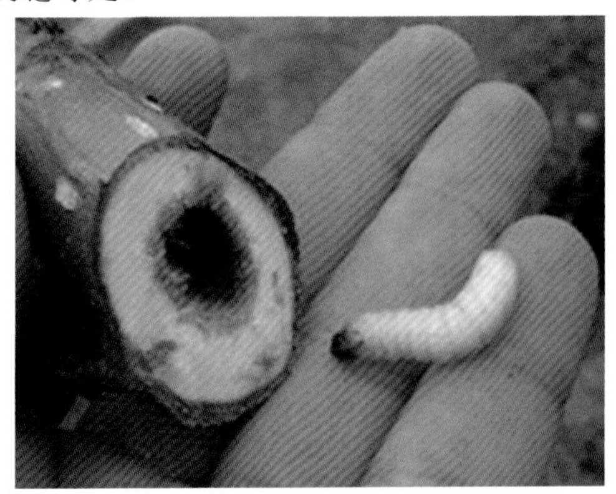

图 7.12　白杨透翅蛾老熟幼虫

图 7.13　白杨透翅蛾侵入孔

卵期 8～17 d，幼虫多在组织幼嫩、易于咬破的地方蛀入树皮下，在木质部和韧皮部之间钻蛀虫道危害，被害处形成瘤状虫瘿，随着幼虫的发育钻入髓部，开凿隧道，10 月份开始越冬。

四、防治方法

最佳防治期为幼虫期和成虫期。

1. 物理防治

1～4 月，冬季幼虫休眠期及时剪除虫瘿，将剪下虫瘿集中烧毁，春季严格检疫。6～12 月，用性信息素诱捕器诱杀成虫，诱捕器悬挂高度为 1.2～1.6 m，每公顷挂 5 个。

2. 药剂防治

5～8 月，幼虫初蛀入时发现有蛀屑或小瘤，要及时将危害部位剪除或削掉。幼虫侵入后用三硫化碳棉球塞蛀孔，孔外堵塞黏泥；树干、枝上涂抹溴氰菊酯泥浆（2.5%溴氰菊酯乳油 1 份，黄黏土 5～10 份，加适量水和成泥浆）毒杀初孵幼虫；幼虫侵入后，用磷化铝片剂、10%吡虫啉可湿性粉剂 100～300 倍液、2.5%溴氰菊酯乳油 400 倍液，每个虫孔注射药剂 5～10 mL。成虫羽化盛期用 2.5%溴氰菊酯 4 000 倍液喷雾杀灭成虫。

第四节　微红梢斑螟

微红梢斑螟（*Dioryctria rubella* Hempson），隶属鳞翅目（Lepidoptera）、螟蛾科（Pyralidae），又名松梢螟，是松树的主要枝梢害虫。

一、分布与危害

分布于库伦旗、奈曼旗等地。寄主植物为油松、樟子松、云杉等。主要以幼虫蛀害寄主主梢和幼树枝干危害，尤其喜欢蛀食顶梢，引起侧梢丛生，使树冠畸形呈扫帚状，不能成材。有时树梢虽能代替主梢向上生长，但树形弯曲，降低木材的利用价值。危害严重时，新梢折断枯死，树形紊乱，甚至造成毁灭性危害。此外，微红梢斑螟还可蛀食球果，影响林木种子产量。

二、主要形态特征

成虫：雌成虫体长 10～16 mm，翅展 26～30 mm，雄成虫略小。触角丝状，雄成虫灰褐色，触角有细毛，基部有鳞片突起，前翅灰褐色，有灰白色波状横带，中室端有 1 个灰白色肾形斑，后缘近内横线内侧有 1 个黄斑。外缘黑色，后侧灰白色，足黑褐色。

幼虫：老熟幼虫体淡褐色，少数淡绿色，体长 15～27 mm，中、后胸及腹部各有 4 对褐色毛片，中胸及第八腹节背面的褐色毛片中部透明。

卵：椭圆形，长约 0.8 mm，黄褐色，有光泽，一端尖，孵化前樱红色。

蛹：长 11～15 mm，红褐色，头顶方钝。腹末有波状钝齿，具钩状臀棘 6 根，中间 2 根较长。

三、生物学特性

1 年 1 代，以幼虫在侧枝韧皮部蛀食危害，侵入途径与整枝、虫害等各种伤口有密切关系。松梢螟以幼虫在受害枯梢及球果中越冬，部分幼虫在枝干伤口皮下越冬。生活史不整齐，有世代重叠现象。成虫夜间活动，有趋光性，多在受害枯梢或断梢口处产卵。孵化后的幼虫迅速爬到旧虫道内隐蔽，取食旧虫道内的木屑等。幼虫从旧虫道内爬出后吐丝下垂，有时随风飘荡，在植株上爬行到主梢或侧梢进行危害，也有幼虫危害球果。危害时先啃食嫩皮，形成约指头大小的伤痕，被害处有松脂凝聚，然后蛀入髓心。蛀孔圆形，外粘黄白色蛀屑。幼虫有迁移危害的习性，可转移到新梢危害。幼虫老熟后在虫道内化蛹（图 7.14～7.17）。

图 7.14　松梢螟幼虫蛀道

图 7.15　松梢螟幼虫

图 7.16　松梢螟危害新梢折断枯死

图 7.17 松梢螟幼虫危害状

四、防治方法

最佳防治期为幼虫期和成虫期。

1. 物理防治

在越冬幼虫期，人工剪除虫害枝，集中烧毁，消灭越冬代幼虫。

2. 药剂防治

在越冬幼虫春季上树危害期，树冠喷洒 1.8%阿维菌素 1 000 倍液。

在成虫期采用 2.5%溴氰菊酯 1 000～2 000 倍液加入 10%农药长效缓释剂喷雾，效果更佳，40%杀螟松 500 倍液 7 d 喷洒 1 次。

参考文献

[1] 国家林业局森林病虫害防治总站. 林木有害生物防治历[M]. 北京：中国林业出版社，2010.
[2] 韩国生. 林木有害生物识别与防治图鉴[M]. 沈阳：辽宁科学技术出版社，2011.
[3] 田立明，杨桂凤，贾春丽. 青杨天牛发生现状与综合治理技术[J]. 防护林科技，2007（5）：129-130.
[4] 景天忠，刘宽余，李立群，等. 青杨天牛发生特点及环境友好型控制策略探讨[J]. 防护林科技，2006（6）：66-69.
[5] 李艳华，等. 哲盟地区青杨天牛发生期预报[J]. 内蒙古林业科技，1997（1）：72-73.
[6] 敖特根，等. 树干打孔注药防治青杨天牛试验[J]. 内蒙古林业科技，2006（3）：21-22.
[7] 金艳芳，李桂琴，陈洪军，等. 8%绿色威雷和 16%虫线清防治杨树天牛成虫试验[J]. 中国森林病虫，2003（3）：28-29.
[8] 骆有庆，刘荣光，许志春，等. 防护林杨树天牛灾害的生态调控理论与技术[J]. 中国森林病虫，2002，21（1）：32-35.
[9] 孙妍，等. 光肩星天牛的防治技术研究[J]. 林业科技，2016（3）51-53.
[10] 谢敏. 森林病虫害无公害防治技术创新与应用[M]. 哈尔滨：东北林业大学出版社，2005.
[11] 胡晓丽. 白杨透翅蛾幼虫在苗圃地的分布和成虫发生期的初步研究[J]. 西北林学院学报，2006，21（2）：100-102.
[12] 王春喜. 白杨透翅蛾的生活史及防治措施的研究[J]. 内蒙古林业调查设计，2005（2）：122-123.
[13] 王雪梅. 白杨透翅蛾生活史、习性调查及不同生长阶段的主要防治方法[J]. 绿色科技，2017（10）：92-95.
[14] 李建妹. 松梢螟的发生与防治[J]. 河北林业，2000（3）：10.
[15] 刘鹏，高辉，王振斌. 松梢螟的发生与防治[J]. 防护林科技，2002（3）：74-79.
[16] 李菁. 微红松梢螟生物学特性及防治研究[J]. 林业实用技术，2003（9）：29-30.
[17] 曹怡立. 松梢螟发生规律及防治技术[J]. 防护林科技，2020（7）：79-80.

第八章 叶部害虫

叶部害虫以取食和危害林木叶子为主，种类多，成虫飞行能力强，繁殖潜能高，发生量大，能主动迁移扩散，迅速传播和转移危害。均为初期性害虫，严重发生时能将树叶全部吃光，削弱树势，形成天牛类、小蠹类等次期性害虫寄居的有利条件，特别是萌芽力弱的针叶树损毁更重，常常造成大面积死亡。

第一节 舞毒蛾

舞毒蛾（*Lymantria dispar* L.），属鳞翅目（Lepidoptera）、毒蛾科（Lymantriidae），又称秋千毛虫、苹果毒蛾、柿毛虫，是全国林业危险性有害生物。

一、分布与危害

舞毒蛾分布于扎鲁特旗等地。寄主种类多，能取食500余种植物，包括杨、柳、榆、桦、槭、云杉、落叶松以及多种蔷薇科果树，适应性强，取食量大，是经常造成灾害的主要林业害虫。严重发生时，将大片树林、行道树、农田防护林树叶吃光，造成树势衰弱，影响生长量。多种蔷薇科果树受害严重，造成果实减产。

二、主要形态特征

成虫：雌雄异型。雌蛾体长22～30 mm，翅展58～80 mm，前翅黄灰白色，中室横脉明显，有1个“＜”形黑褐色斑纹，前后翅外缘每两脉间有1个黑褐色斑点。腹部肥大，末端着生黄褐色毛丛。其他斑纹与雄蛾相似。雄蛾体长16～21 mm，翅展37～54 mm，前翅灰褐色或褐色，有深色锯齿状横线，中室中央有1个黑褐色点。横脉上有一弯曲形黑褐色纹。前后翅反面黄褐色。（图8.1、图8.2）。

卵：圆形，直径1.3 mm，初期杏黄色，后变为褐色。卵粒密集成卵块，上被黄褐色绒毛。

图 8.1　舞毒蛾雄蛾

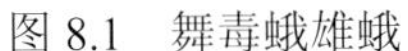

图 8.2　舞毒蛾雌蛾

幼虫：老熟幼虫体长 50～70 mm。1 龄幼虫体黑褐色，刚毛长。2 龄幼虫胸腹部显现出 2 块黄色斑纹。3 龄幼虫胸腹部花纹增多。4 龄幼虫头面出现 2 条明显黑斑纹。6、7 龄幼虫头部淡褐色散生黑点，“八”字形黑色纹宽大，背线灰黄色，亚背线、气门上线及气门下线部位各体节均有毛瘤，共排成 6 纵列，背面 2 列毛瘤色泽鲜艳，前 5 对为蓝色，后 7 对为红色（图 8.3、图 8.4）。

蛹：长 19～34 mm，红褐色或黑褐色，被有锈黄色毛丛。

图 8.3　舞毒蛾幼虫头部“八”字形黑条纹

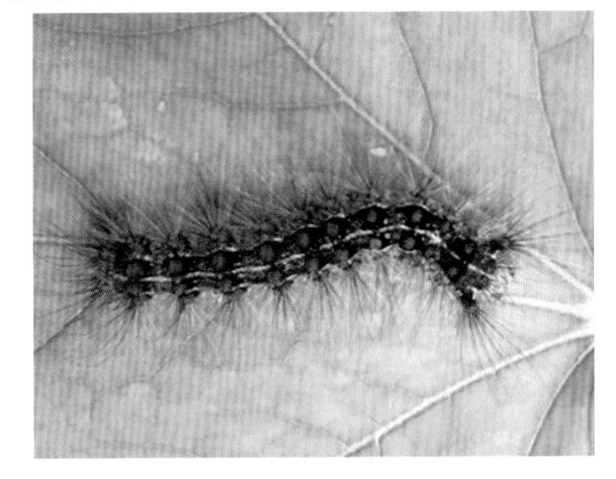

图 8.4　舞毒蛾幼虫

三、生物学特性

1 年 1 代，以卵在树干或屋檐、墙角、石块处越冬。翌年春季 5 月上中旬幼虫孵化，初孵幼虫群集在卵块上，初龄幼虫借助风力传播，幼虫期 40～50 d。6 月中下旬老熟幼虫在树皮缝隙及建筑物等处吐丝将其缠绕以固定虫种预蛹，预蛹期为 72～84 h。绿色的初蛹从预蛹幼虫中蜕出。蛹期 16～20 d，7 月上旬成虫羽化，羽化后当晚进行交尾，交尾后寻找树干及建筑物产卵，产卵 1～3 块。每头雌蛾可产卵 700～1 000 粒，卵 2～3 d 孵化，初孵幼虫先取食幼芽，后蚕食叶片，大龄幼虫将老、嫩叶片全部食光。雄成虫有白天活动的习性，夜晚寻找雌成虫交尾，雌成虫夜晚活动，飞翔能力不强，白昼伏在枝头静止不动，有较强的趋光性，雌虫有群集产卵的习性。

四、防治方法

最佳防治期为卵期和幼虫期。

1. 物理防治

舞毒蛾卵期长达 9 个月，在秋冬季节或早春人工刮除树干、墙壁上的卵块，集中存放，最好待寄生天敌羽化飞出后，再深埋或烧毁。成虫羽化前，悬挂黑光灯、性引诱剂诱杀成虫。

2. 药剂防治

在幼虫 3～4 龄开始分散取食前，喷洒 20%灭幼脲III号 450～600 mL/hm^2，25%杀铃脲 150～300 mL/hm^2，0.36%苦参碱 2 250 mL/hm^2，1.8%阿维菌素乳油 105～150 mL/hm^2。

第二节　榆紫叶甲

榆紫叶甲（*Ambrostoma quadriimpressum Motsch.*），属鞘翅目（Coleoptera）、叶甲科（Chrysomelidae），又名榆紫金花虫、紫榆叶甲。

一、分布与危害

分布于科左后旗、库伦旗、科尔沁区、奈曼旗、科左中旗、扎鲁特旗等地。寄主只有榆树，食性专一。成虫取食榆树芽苞、叶片，使芽苞不能正常发芽，幼虫取食叶片，严重时将叶片食光，连年危害，使榆树成为“干枝梅”“小老树”，树势衰弱并引起其他病虫危害。

二、主要形态特征

成虫：体长 10.5～11.0 mm，近椭圆形，鞘翅背面呈弧形隆起；前胸背板及鞘翅上有紫红色与金绿色相间的色泽，尤以鞘翅上最为显著。腹面紫色有金绿色光泽；头及足深紫色，有蓝绿色光泽；触角细长丝状 11 节，棕褐色；上颚钳状，前胸背板两侧扁凹，具粗而深的刻点；鞘翅上密被刻点，后翅鲜红色。雄虫第五腹节板末端凹入，形成一向内凹入的新月形横缝，雌虫第五腹节末端钝圆。成虫体色以上述体色最多，此外尚有下列 4 种色泽：紫褐色、蓝绿色、深蓝色、铜绿色（图 8.5～8.7）。

幼虫：1 龄幼虫孵化时全体棕黄色，全身密被微细的颗粒状黑色毛瘤，其上着生淡金黄色刺毛；2 龄幼虫体灰白色，头部呈淡茶褐色，头顶有 4 个黑色斑点，前胸背板有 2 个黑色斑点，背中线灰色，下方有 1 条淡金黄纵带。近老熟时，通体乳黄色，体长 10.0 mm 左右。

卵：长椭圆形，长 1.7～2.2 mm，咖啡或茶褐色，孵化前色变暗（图 8.8）。

蛹：体长约 9.5 mm，乳黄色，近椭圆形，略扁。

图 8.5　榆紫叶甲成虫

图 8.6　榆紫叶甲危害状

图 8.7　榆紫叶甲成虫交尾

图 8.8　榆紫叶甲成虫产卵

三、生物学特性

1 年发生 1 代，以成虫在榆树下土壤内 2.0～11.0 cm 处越冬。越冬成虫翌年 4 月中下旬，当榆树刚刚萌芽时上树活动，取食芽苞危害。5 月中旬为交尾盛期，产卵初期成虫在榆树展叶前，常产卵于枝梢末端，卵成串排列，榆树展叶后产卵于叶片背面成块状。幼虫孵化后即取食叶片，6 月上旬幼虫开始下树入土化蛹，6 月下旬开始见新成虫羽化。新成虫经过大量取食叶片补充营养，当温度较高，达 30 ℃左右时，与上一代成虫一起群集于庇阴处夏眠。成虫一般于 7 月下旬至 8 月上旬气温转凉时出蛰活动，10 月上旬随着天气变冷 ，相继下树入土越冬。成虫不能飞翔，新成虫及越冬后刚刚出现的成虫假死性较强。幼虫活动缓慢，不活泼，老熟幼虫易常被风摇落。

四、防治方法

最佳防治期为越冬成虫期、成虫期、卵期和幼虫期。

1. 物理防治

春季成虫出蛰前，彻底清园，清除枯枝落叶，将成虫杀死。成虫上树后产卵前，利用成虫假死性，在危害盛期振落捕杀。

2. 药剂防治

在卵期和初孵幼虫期喷施 25%灭幼脲悬浮剂 1 500～2 000 倍液。

在越冬成虫上树前，树干喷洒 10%绿色威雷 200 倍液，也可在树干基部用 20%速灭杀丁乳油与柴油、机油按 1∶1∶8 比例制作毒绳，绑在树干胸径处阻杀上树成虫。成虫夏眠期群聚在树干分杈处时，可进行火烧或喷洒 4.5%高效氯氰菊酯 1 500～3 000 倍液。

第三节　榆绿毛萤叶甲

榆绿毛萤叶甲（*Pyrrhalta aenescens* Fairmaire），属鞘翅目（Coleoptera）、叶甲科（Chrysomelidae）、毛萤叶甲属，有榆绿金花虫、榆兰金花虫、榆绿叶甲、榆蓝叶甲、榆兰叶甲、榆毛胸萤叶甲、榆缘毛萤叶甲等多种名称或别称。

一、分布与危害

通辽市、呼和浩特市、鄂尔多斯市等城区各街道绿地、公园内、小区发生严重。榆绿毛萤叶有专食特性，是榆树的主要食叶害虫，幼虫成虫均取食榆树叶危害，主要以幼虫剥食叶肉，残留表皮，严重时整个被害叶片成薄纱网状，整株树无一完整叶，老熟幼虫化蛹时，常分泌液体，导致霉菌发生，使枝干颜色变黑，严重影响榆树的生长和景观效果（图 8.9）。榆树叶从芽萌动到落叶均受其危害，年发生 1 代以上的地区，各代成虫、幼虫混合发生时危害严重。受害榆树叶缺 80%以上时，单株榆树每年胸径生长减少 0.128 cm，高生长减少 3.0 cm，材积生长减少 0.006 3 m^3。

二、主要形态特征

成虫：体长 7～8 mm，长椭圆形，黄褐色，鞘翅绿色，有金属光泽。全身密被细软毛；头小，头顶有一块钝三角形黑斑；前胸背板中央有凹陷，上有1条倒葫芦形黑纹，两侧各有 1 条椭圆形黑纹；鞘翅上各具明显隆起 2 条。体腹面及足色较深，具金属光泽，雄虫腹面末端中央呈半圆形凹入，雌虫腹部末端呈马蹄形凹入（图 8.10、图 8.11）。

卵：黄色，梨形，顶端尖细，长径 1.1 mm，短径 0.6 mm（图 8.12）。

图 8.9　榆绿叶甲危害状

图 8.10　榆绿叶甲成虫取食芽苞

图 8.11　榆绿叶甲准备产卵

图 8.12　榆绿叶甲卵

幼虫：幼虫 3 龄，老熟幼虫体长 11.0 mm，体略扁，长条形，深黄色，中、后胸及腹部 1～8 节背面漆黑色，每节可分为前后两个小节，中后胸背面各有 4 个毛瘤，两侧各有 2 个毛瘤，第 1～8 腹节前小节各有 4 个毛瘤，后小节各有 6 个毛瘤，两侧各有 3 个毛瘤；前胸背板中央有 1 个近四方形黑板（图 8.13～8.15）。

蛹：体长 7.5 mm 左右，黄色翅带灰色，椭圆形，背面有黑褐色刚毛（图 8.16）。

图 8.13　榆绿叶甲幼虫蜕皮中

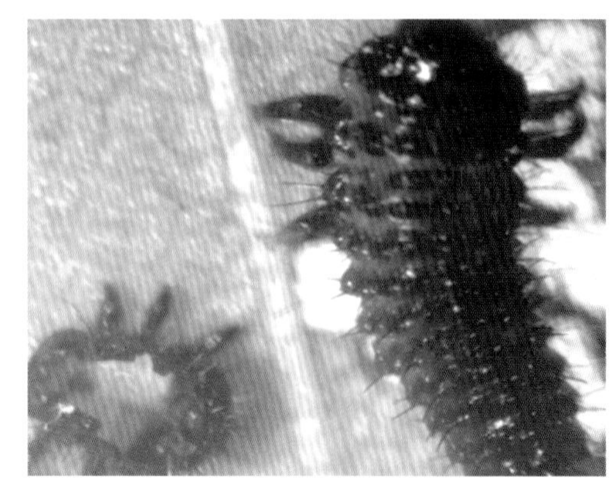

图 8.14　榆绿叶甲幼虫和蜕皮

图 8.15　榆绿叶甲幼虫取食

图 8.16　榆绿叶甲群集化蛹

三、生物学特性

有假死性和密集危害的特点。成虫具有假死性，老熟幼虫有群集化蛹的习性。在无风、气温 12 ℃以下时震动树木，榆绿毛萤叶甲成虫易坠落，12 ℃以上时则中途飞去。

成虫繁殖力强，寿命长，卵孵化率高，雌虫产卵块状。关中地区榆绿毛萤叶甲单雌产卵 500～700 粒，1 代成虫寿命 30～45 d，2 代成虫 200 d 以上，单雌产卵 98～549 粒，平均 236 粒，1 代雌虫平均寿命 45.8 d，越冬雌虫寿命长达 303 d，有孤雌生殖现象。

1 年发生 2 代，有世代重叠现象。4 月中下旬越冬成虫出蛰活动，并交配产卵，5 月初第 1 代幼虫开始危害，初孵幼虫群集取食叶肉，危害盛期为 5 月初至 6 月上旬，危害期约 35 d。老熟幼虫于树干、枝及树皮裂缝处群集化蛹。第 2 代幼虫 7 月中旬开始危害，8 月上旬开始化蛹，8 月中下旬为羽化盛期。

室内饲养测定榆绿毛萤叶甲卵期、幼虫期、蛹期的发育起点温度和有效积温分别为（11.21±0.56 ℃）、（16.13±1.04 ℃）、（16.72±2.08 ℃）和（129.29±5.4）日度、（168.85±19.72）日度、（53±16.44）日度。野外采集到的榆绿毛萤叶甲于室温下饲养，雌虫卵期平均 7.6 d，平均 23 粒/块，卵平均孵化率 87.2%；幼虫期平均 30.6 d，幼虫化蛹率 92.1%，蛹期平均 6.9 d；成虫羽化率 86.2%。

四、防治方法

榆兰叶甲啮小蜂是一种主要的榆绿毛萤叶甲卵寄生蜂，对榆绿毛萤叶甲 1 代卵的寄生率为 43.8%～73%，对 2、3 代卵的寄生率为 71.9%～96.9%，寄生率较高，且在混交林中的寄生率高于纯林和田间纯榆树林带。蠋蝽日均捕食榆绿毛萤叶甲卵 11.8 粒、或老熟幼虫 3.7 头、或蛹 4.7 头，或成虫 2.3 头，有较强的捕杀作用。菱斑巧瓢虫捕食榆绿毛萤叶甲卵。

应用白僵菌 2 亿/mL 活孢子液防治榆绿毛萤叶甲幼虫，杀虫率可达 80%以上，2 龄前幼虫抗性低，防治效果最好。一般适于榆绿毛萤叶甲发生的温度也适于孢子的萌发。雨季相对湿度高，利于提高白僵菌的防治效果。金龟子绿僵菌菌株对榆绿毛萤甲的致病作用较好。苏云金芽孢杆菌株 Bt22 菌液对 2～3 龄榆绿毛萤叶甲幼虫有很好的防治作用，校正死亡率为 86.2%。2 000 IU/mL 的 Bt 悬浮剂 50、150 和 250 倍液对榆绿毛萤叶甲 1 龄幼虫及其取食叶片喷雾 9 d 后幼虫死亡率分别达 92%、90%和 78%，12 d 后校正死亡率分别为 100%、100%和 97.9%，效果理想。

榆绿毛萤叶甲的一种寄生微粒子虫，自然寄主黄褐萤叶甲、榆绿毛萤叶甲。成虫全身感染，以中肠和卵巢感染最重，幼虫仅消化道被感染，染病中肠呈乳黄色；榆绿毛萤叶甲越冬成虫感染率达 96%，当年 2 代发生很少，能对寄主的种群自然调节起重要作用。

药剂及人工防治措施。树冠喷药：用高压机动喷雾器在第 1 代幼虫取食盛期，喷 2%噻虫啉 1 000 倍液、3%高效氯氰菊酯微胶囊悬浮液 1 000 倍液，喷洒 50%杀螟松乳油，交替用药防治。树干喷药与人工除虫相结合：老熟幼虫在树干上集中化蛹时，将改良的手动喷雾器的输胶管接长，再把喷头绑在长杆上，直接把药液喷在虫体上，同时与人工刮除虫体相结合。营造混交林，榆树造林时应与其他树种混种。越冬成虫期，收集枯枝落叶，清除杂草，深翻土地，消灭越冬虫源。3、4 月上旬越冬成虫出土上树前，用毒笔在树干基部涂两个闭合圈，毒杀越冬后上树成虫。成虫上树后，利用成虫假死性，人工震落捕杀。5%的吡虫啉乳油原液树干注药，按树胸径每厘米注射 1 mL。

第四节　春尺蠖

春尺蠖（*Apoccherima cinerarius* Erschoff），属鳞翅目（Lepidoptera）、尺蛾科（Geometridae）。

一、分布与危害

分布于科尔沁区、扎鲁特旗、霍林郭勒市等地。寄主植物为杨、柳、榆、槐树、苹果、梨、葡萄等。以幼虫取食芽和叶片形成危害，初孵幼虫取食幼芽，使树芽发育不齐，展叶不全。较大龄幼虫取食叶片，由于幼虫发育快，随着龄期增加，食量大增，将整枝叶片全部食光并扩展到整株树叶尽被食光，因此，受春尺蠖危害过的树木乃至整条林带或片林树叶被食光吃净，树枝似干枯如死树一般（图 8.17）。

二、主要形态特征

成虫：雌蛾无翅，体长 7～19 mm，体灰褐色，复眼黑色，触角丝状，腹部各节背面有数目不等的成排黑刺，刺尖端圆钝，腹部末端臀板有突起和黑刺列。雄蛾触角羽毛状，前翅淡灰褐色至黑褐色，从前缘至后缘有 3 条褐色波状横纹，中间一条不明显。成虫体色因寄主不同而不同，以梨、沙果、柳等为食料的，体色淡黄；以榆、桑为食料的，体色灰黑（图 8.18）。

图 8.17　春尺蠖危害状

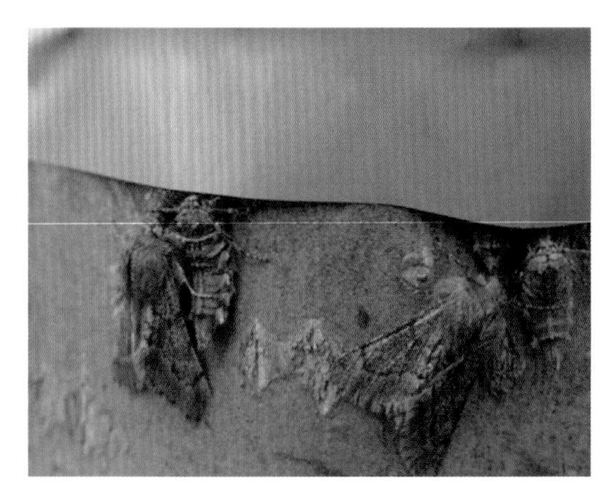

图 8.18　春尺蠖雄蛾

幼虫：老熟幼虫体长 22～40 mm，灰褐色，腹部第二节两侧各有 1 个瘤状突起，腹线均为白色，气门线一般为淡黄色（图 8.19、图 8.20）。

卵：椭圆形，长 0.8～1.0 mm，有珍珠光泽，卵壳有整齐刻纹。

蛹：长 1.2～2.0 mm，灰黄褐色，末端有臀棘，棘端分叉。

图 8.19　春尺蠖幼虫

图 8.20　春尺蠖老熟幼虫取食

三、生物学特性

1 年发生 1 代，以蛹在土中越冬，翌年 4 月羽化。羽化多在傍晚和清晨，雌虫由树干爬行到树枝上进行交配。4 月下旬成虫开始大量产卵。初孵幼虫取食嫩芽、叶肉，长大后危害全叶，至 4、5 龄时食量猛增。6 月中、下旬老熟，潜入土深 0～30 cm 处化蛹。蛹一般集中在树根附近。向阳东南面分布较多，成虫有趋光性，雄成虫一般在午后羽化，出土后在树干阴面静伏，雌成虫羽化后潜伏于表土中，黄昏后上树交尾、产卵。卵常产在枝、干皮缝或芽苞内。每只雌虫可产卵数百粒，幼虫能吐丝下垂，并随风转移危害。

四、防治方法

最佳防治期为成虫羽化初期和幼虫期。

1. 物理防治

人工挖蛹：在上冻前翻地，晒蛹、冻蛹，杀死越冬蛹，秋翻范围为树冠垂直投影半径 1～1.5 m 内。

阻隔法：4 月份无翅雌虫上树期，在树干部绑毒绳或缠 1 圈 6～8 cm 的塑料膜带，下部用湿土培堆压实，每日清晨在塑料膜带下扑杀集中的雌虫。

灯光诱杀：成虫羽化期，设置诱虫灯诱杀成虫。

2. 药剂防治

1～2 龄幼虫期，25%灭幼脲Ⅲ号悬浮剂地面常量喷雾 600～900 hm^2。幼虫期 1%苦参碱可溶性液剂 2 000 倍液或春尺蠖核型多角体病毒 500～1 000 倍液喷雾防治。

第五节　杨潜叶跳象

杨潜叶跳象（*Rhynchaenus empopulifolis* Chen），属鞘翅目（Coleoptera）、象虫科（Curculionidae）。

一、分布与危害

分布于库伦旗、科尔沁区、开鲁县、扎鲁特旗、科左中旗等地。寄主植物为杨树，以幼虫潜食杨树叶，危害期最高可达 7 个月，使树叶变得千疮百孔，远看如“火烧”状，严重影响叶片正常光合作用和树木生长，以小叶杨危害最重（图 8.21、图 8.22）。

图 8.21　杨潜叶跳象危害状

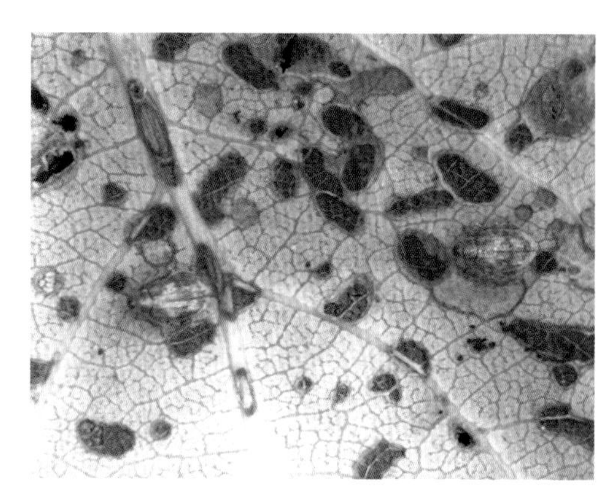

图 8.22　杨潜叶跳象危害叶片

二、主要形态特征

成虫：体长 2.3～2.7 mm，近椭圆形，黑色或黑褐色，密被黄褐色短毛，喙粗短，黄褐色，略向内弯曲，触角黄褐色，眼大彼此接近；鞘翅上被有尖细卧毛，小盾片具白色鳞毛，鞘翅各行间除 1 列褐长尖细卧毛外，还散布短细淡褐卧毛，行间隆，有横皱纹；足黄褐色，后足腿节粗壮（图 8.23）。

幼虫：老熟幼虫体长 3.5～4.0 mm，体扁宽，头小、半圆形、深褐色，无足，腹部两侧有泡状突。

卵：长卵形，长 0.6～0.7 mm，乳白色。

蛹：裸蛹，初乳白色，后变黄色，羽化前黑褐色。

三、生物学特性

1 年发生 1 代，以成虫在树干基部的枯枝落叶层下及 1～1.5 cm 深的表土层内越冬。

翌年 4 月下旬杨树芽苞发绿时成虫出蛰活动，取食芽苞分泌的黏液补充营养，1 周后交尾产卵。产卵前成虫在嫩叶叶尖背面的中脉两侧用口器咬出卵室，每卵室产 1 粒卵。幼虫孵化后即开始潜食叶肉，潜道黄褐色，宽 1.0～2.0 mm，长 30～50 mm，中央堆积 1 条深褐色粪便，从叶表可见幼虫体躯。幼虫老熟时在潜道末端做一直径 2.0～6.0 mm 的规则圆叶苞，食尽叶苞内叶肉后，随叶苞掉落地面（图 8.24）。落地叶苞依靠其内幼虫的伸曲而不断弹跳，当弹跳到落叶层、石块下等潮湿处时，则不再弹跳，进入预蛹期。成虫能飞善跳、灵活，无趋光性。成虫取食后在叶背留下典型刻点危害状。

图 8.23　杨潜叶跳象成虫

图 8.24　杨潜叶跳象落地虫苞

四、防治方法

最佳防治期为越冬成虫期和幼虫期。

1. 物理防治

在幼林抚育管理时，收集落叶或翻耕土壤，减少越冬成虫基数。

2. 药剂防治

5～6 月幼虫期，低龄幼虫采用 25%灭幼脲悬浮剂 1 500～2 000 倍液、1.2%苦参碱或烟碱乳油 800～1 000 倍液、1.8%阿维菌素 3 000～6 000 倍液等喷雾。

4～5 月越冬成虫出蛰前采用 2.5%溴氰菊酯乳油 2 000 倍液、5%高效氯氰菊酯 1 000 倍液等树干基部地面喷施。

第六节　油松毛虫

油松毛虫（*Dendrolimus tabulaeformis* Tsai et Liu），属鳞翅目（Lepidoptera）、枯叶蛾科（Lasiocampidae）。

一、分布与危害

分布于库伦旗、奈曼旗等地。寄主植物为油松、樟子松等，以幼虫取食松树针叶危害。大发生林分，可将针叶全部吃光，如同火烧状，严重影响松树生长，甚至造成大面积松林枯死，严重影响森林生态功能，是松树主要害虫。

二、主要形态特征

成虫：雌蛾体长 2.3～3.0 cm，翅展 5.7～7.5 cm，体色灰白至灰褐色。雄蛾体长 2.0～2.8 cm，翅展 4.5～6.1 cm，体色灰褐色至深褐色。前翅外缘呈弧形弓出，前翅中室端有不明显白点，横线纹深褐色，内横线与中横线靠近，外横线两条。亚外缘斑列黑色，各斑略排列成新月形，斑内侧淡棕色，前 6 斑弧形，7、8、9 斑斜列连线与翅外缘相交（图 8.25）。

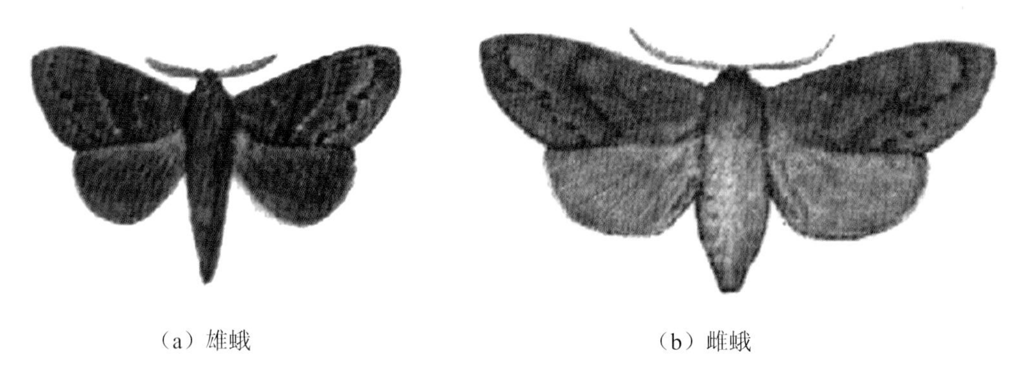

（a）雄蛾　　　　（b）雌蛾

图 8.25　油松毛虫成虫

幼虫：老熟幼虫体长 5.4～7.5 cm，额区中央有一块拳深褐斑，体灰黑色，体侧有长毛。各节前亚背毛簇中有窄而扁平状毛，呈纺锤形，腹面棕黄色，每节上生有黑褐色斑纹，两侧密被灰白色绒毛，胸背毒毛带明显，体两侧各有 1 条纵带，每节前方由纵带向下有一斜斑（图 8.26）。

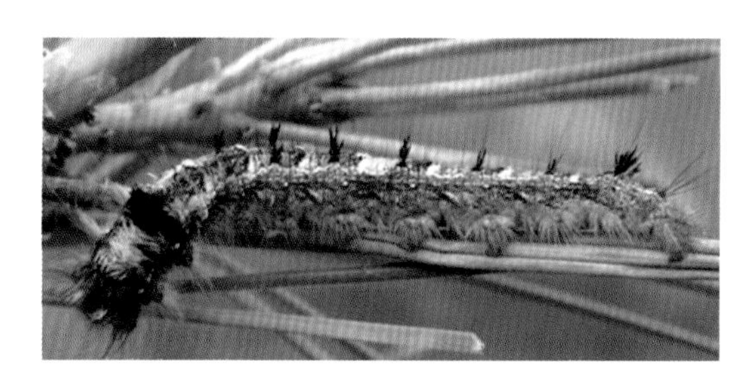

图 8.26　油松毛虫幼虫

卵：长 1.75 mm，椭圆形，初产时为粉红色，精孔端淡绿色，另一端粉红色，孵化前呈紫红色，卵块较大，常数十粒或上百粒紧密黏着成团。

蛹：雌蛹长 2.5～3.3 cm，雄蛹长 2.0～2.5 cm，栗褐色。体表密被黄色短毛，臀棘短，端部稍弯曲，茧灰白色，表面附有褐色绒毛及黑色毒毛。

三、生物学特性

1 年发生 1 代，以 4、5 龄幼虫在树干基部的树皮缝中、根际处周围的落叶下、杂草中、土缝中、石块下越冬。翌年 4 月越冬幼虫开始上树危害，可将整株树的针叶吃光，仅留针叶基部叶茬。6 月下旬结茧化蛹，7 月开始羽化。成虫迁飞能力强，有向周围茂密林分迁飞产卵习性，羽化后当时即行交尾产卵，每头雌虫产卵 500～600 粒，卵一般成堆产于一年生松针叶上。幼虫于 8 月孵化，1～2 龄幼虫有群集、吐丝下垂习性，最先取食卵块周围针叶的边缘，造成针叶缺刻，使针叶枯萎卷缩，形成枯萎针丛。后期分散危害，10 月中旬幼虫下树越冬。

四、防治方法

最佳防治期为成虫期和幼虫期。

1. 营林措施

保留松树纯林中阔叶树并加强抚育管理、合理修枝和确定间伐强度、保护林下植被。

2. 物理防治

幼虫期人工捕杀幼虫。捕杀时要戴上手套，避免接触毒毛中毒。蛹期和卵期人工摘除茧蛹、卵块。在成虫羽化前，设置杀虫灯诱杀成虫。

3. 药剂防治

幼虫期，喷施松毛虫质型多角体病毒 1 500 亿～3 750 亿/hm^2，25%灭幼脲Ⅲ号胶悬剂 300～450 g/hm^2，Bt 乳剂 800 倍液，1.2%苦・烟乳油 1 200 倍液喷烟防治。喷烟防治时，应选择无风的傍晚。

幼虫上树前，喷闭合毒环阻杀上树幼虫。毒环制作方法：2.5%溴氰菊酯用柴油、煤油按 1∶15 和 1∶7.5，600 mL/hm^2 的比例稀释，在树干距地面 1.3～1.5 m 处喷一个宽约 2 cm 的毒环，也可在树干胸径处绑 2 道毒绳。

第七节　落叶松毛虫

落叶松毛虫（*Dendrolimus superns* Butler），属鳞翅目（Lepidoptera）、枯叶蛾科（Lasiocampidae）。

一、分布与危害

分布于扎鲁特旗、霍林郭勒市等地。寄主植物为落叶松、油松、樟子松。严重危害时，大片松林针叶全部被食光，远看似火烧状，连年被害，造成大面积松林枯死，是松林主要危险性害虫。

二、主要形态特征

成虫：雌蛾体长 28～45 mm，翅展 70～110 mm，雄蛾体长 24～37 mm，翅展 55～76 mm。体色和花纹变化较大，有灰白、灰褐、褐、赤褐、黑褐色等。前翅较宽，外缘较直，内横线、中横线、外横线深褐色，外横线锯齿状，亚外缘线有 8 个黑斑排列略似“3”形，其最后 2 个斑若连成一线则与外缘近科平行，中室白斑大而明显（图 8.27）。

幼虫：老熟幼虫体长 55～90 mm，末龄幼虫灰褐色，有黄斑，被银白色或金黄色毛；中后胸背面有 2 条蓝黑色闪光毒毛；第八腹节背面有暗蓝色长毛束（图 8.28、图 8.29）。

卵：长约 2.5 mm，椭圆形，初产时粉绿色，后变为粉黄、红至深红色（图 8.30）。

蛹：长 30～45 mm，暗褐色或黑色，密被黄色微毛。茧灰白色或灰褐色，上被有幼虫脱落的蓝黑色毒毛（图 8.31）。

图 8.27　落叶松毛虫成虫

图 8.28　落叶松毛虫老熟幼虫

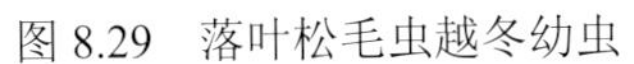

图 8.29　落叶松毛虫越冬幼虫

图 8.30　落叶松毛虫卵壳

图 8.31　落叶松毛虫蛹

三、生物学特性

1 年发生 1 代，以 3～4 龄幼虫于枯枝落叶层下、土缝、石块下越冬。翌年春季气温达到日平均温度 5 ℃以上时，越冬幼虫开始上树取食危害，将整个针叶食光，6～7 月老熟幼虫大多在树冠上结茧化蛹，7～8 月成虫羽化、交尾产卵，卵产在针叶上，排列成行或堆，7 月中、下旬幼虫孵化，初龄幼虫多群集于枝梢端部，将针叶的一侧吃成缺刻，几天后针叶卷曲枯黄成枯萎丛；2 龄后逐渐分散危害，取食整根松针，但在每束针叶基部残留较长的一段，在树冠上造成很多残缺不全的针叶，顶端流出树脂，日久成黄褐色。10 月中下旬幼虫下树越冬。落叶松毛虫主要发生在排水良好而林内落叶层较厚、窝风的 10 年生以上的落叶松人工林内，干旱往往促使其大量繁殖，危害加重。

四、防治方法

最佳防治期为幼虫期和成虫期。

1. 物理防治

在蛹期和卵期人工摘除茧蛹、卵块。在成虫羽化前，设置杀虫灯诱杀成虫。

2. 药剂防治

幼虫 4 龄前，用松毛虫质型多角体病毒 1 500 亿～3 750 亿/hm^2 喷雾，25%灭幼脲III号粉剂 450～600 g/hm^2 喷粉。

幼虫上树前，喷闭合毒环阻杀上树幼虫。具体方法见油松毛虫防治方法。

第八节　杨扇舟蛾

杨扇舟蛾（*Clostera anachoreta* Fabricius），属鳞翅目（Lepidoptera）、舟蛾科（Notodontidae），又名白杨天社蛾。

一、分布与危害

分布于科尔沁区、扎鲁特旗、开鲁县等地。寄主植物为杨、柳。全国除新疆、西藏、贵州等少数省区未记录外，其他省区均有分布。幼虫取食杨树、柳树和母生树的叶片，大发生林分可将成片杨树叶吃光，影响树干正常生长，造成树势衰弱。

二、主要形态特征

成虫：雌成虫体长 15～20 mm，翅展 38～42 mm，雄成虫体长 13～17 mm，翅展 23～37 mm。体灰褐色，前翅灰褐色，翅面有 4 条灰白色波状横纹，顶角有 1 个褐色扇形斑。外横线穿过扇形斑一段，呈斜伸的双齿形，外衬 2～3 个黄褐色带锈红色斑点，扇形斑下方有 1 个较大的黑点，后翅呈灰褐色（图 8.32、图 8.33）。

图 8.32　杨扇舟蛾成虫

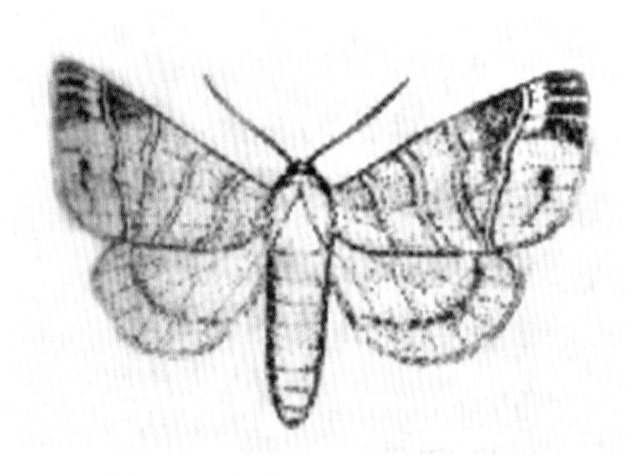

图 8.33　杨扇舟蛾成虫绘图

幼虫：老熟幼虫体长 32～40 mm，头部黑褐色，体具白色细毛。腹部背面呈灰黄绿色，每节着生有 8 个环形排列的橙红色瘤，瘤上具有长毛，两侧各有较大的黑瘤，其上着生白色细毛一束，向外呈放射状发散，腹部第 1 节和第 8 节背面中央有较大的红黑色瘤（图 8.34）。

卵：扁圆形，直径约 1 mm，初产时橙红色，孵化前暗灰色。

蛹：长椭圆形，体长 13～18 mm，褐色，末端有分叉臀棘，被有灰白色茧。

三、生物学特性

1 年发生 3 代，以茧蛹在枯枝落叶、杂草中和树干缝隙中越冬。6 月越冬代成虫开始出现、产卵；幼虫危害至 10 月中旬开始化蛹越冬。成虫傍晚前后羽化最多，白天静栖，夜晚活动，有趋光性，除了越冬代成虫将卵产于枝干上外，以后各代成虫主要将卵产于叶背面，卵常百余粒排成单层块状，每个卵块数量不等，一般为 9～600 粒，每只雌成虫可产卵 100～600 余粒。2 龄以上幼虫吐缀叶，形成大的虫包，3 龄以后分散取食，可将全叶吃尽，仅剩叶柄（图 8.35）。越冬代幼虫老熟后，多沿树干爬到地面，在枯叶下、树干旁、粗树皮下或表土内结茧化蛹越冬，其他代老熟幼虫在树叶上结茧化蛹。

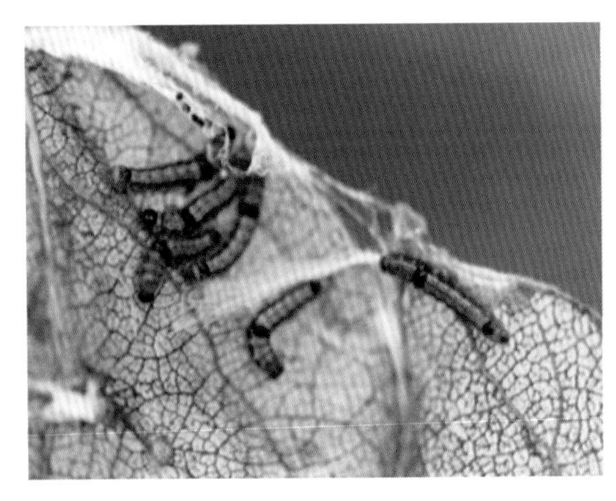

图 8.34　杨扇舟蛾幼虫

图 8.35　杨扇舟蛾危害状

四、防治方法

最佳防治期为幼虫期。

1. 物理防治

初龄幼虫吐丝结茧群集期，人工摘除虫苞，并将摘下的虫苞集中处理。在成虫羽化前，设置杀虫灯诱杀成虫。

2. 药剂防治

大面积发生时，25%灭幼脲III号悬浮剂 450～600 g/hm^2 飞机超低量喷雾。每代幼虫 3 龄前，用 25%灭幼脲III号悬浮剂 1 500 倍液加 2.5%溴氰菊酯乳油 5 000 倍液喷雾。树高超过 10 m 的大树，可采用打孔注药法防治，用 5%吡虫啉乳油 3 倍液每 cm 胸径注射 1 mL。

第九节　杨毒蛾

杨毒蛾（*Stilpnotia candida* Staudinger），属鳞翅目（Lepidoptera）、毒蛾科（Lymantriidae），又名杨雪毒蛾。

一、分布与危害

分布于科尔沁区、开鲁县、奈曼旗等地。寄主植物为杨、柳、白桦、槭、榛。杨毒蛾幼虫多于嫩梢食叶肉，留下叶脉；4 龄以后取食整个叶片，严重时将全株叶片取食光。受害树木生长势衰弱，易被蛀干害虫侵入，还可引发树干腐烂病，造成林木成片死亡。

二、主要形态特征

成虫：体长 11～20 mm，翅展 33～55 mm，全身被白色绒毛，稍有光泽，复眼漆黑色；触角雌蛾为栉齿状，雄蛾为羽状；主干黑色，有白色或灰白色环节；足黑色，胫节和跗节具有白色的环纹（图 8.36）。

幼虫：老熟幼虫体长 28～41 mm，头部黑色；背部中线为黑色，两侧为黄棕色，其下各有 1 条灰黑色纵带；每体节都有黑色或棕色毛瘤 8 个，形成一横列，其上密生黄褐色长毛及少量黑色短毛（图 8.37）。

卵：扁圆形，直径 0.8～1.0 mm，呈块状，上有白色胶状物覆盖。

蛹：长 8～26 mm，初浅黄色，后变绿色，有灰黑色带，黄色斑，上有白毛，腹面黑色，每体节侧面保留幼虫期毛瘤，末端具一簇臀棘。

图 8.36　杨毒蛾成虫

图 8.37　杨毒蛾幼虫

三、生物学特性

1 年发生 2 代，以小幼虫在树皮缝中越冬，翌年 5 月上旬开始上树危害，多于嫩梢取食叶肉，留下叶脉。受惊扰时，立即停食不动或迅速吐丝下垂，随风飘往它处。老龄幼虫则少有吐丝下垂现象，受惊也不坠落。4 龄以后能食尽整个叶片。每龄幼虫在蜕皮前停食 2～3 d，蜕皮后停食 1 d。幼虫有强烈的避光性，老熟幼虫更为明显，晚间上树取食，白天下树隐蔽潜伏。有群集性，白天下树潜伏或隐蔽及蜕皮，多集中在树洞内或干基周围 30 cm 之内的枯枝落叶层下，有的成团潜伏在一起，喜阴湿。6 月下旬幼虫老熟，寻找隐蔽场所，吐丝结茧。进入预蛹期，约经 3 d 蜕皮成蛹。成虫白天静伏叶背、小枝、杂草中。成虫具较强趋光性，雌蛾比雄蛾明显。卵成块状，产于树冠下部枝条的叶背面，小枝和树干、杂草，甚至建筑物上。7 月中旬幼虫孵化。初孵幼虫多静伏或藏于隐蔽处，

20 h 后才开始活动、取食，危害一直到 8 月。老熟幼虫在枯枝落叶层、杂草丛、土层、树皮缝等处越冬。杨柳干基萌芽条及覆盖物多的发生重。

四、防治方法

最佳防治期为幼虫期。

1. 物理措施

在成虫羽化前，设置杀虫灯诱杀成虫。

2. 药剂防治

幼虫期，用 1%苦参碱可溶性液剂 800 倍液、25%灭幼脲III号 5 000 倍液、Bt 乳剂 500 倍液等树冠喷药。

根据杨毒蛾白天下树隐藏、晚间上树危害的习性，可在树干绑毒环、毒绳防治。毒环制作方法：2.5%敌杀死、氧化乐果、废机油按 1∶1∶10 的比例（体积比）配成药油混合液充分搅拌均匀后，在树干距地面高 1.2 m 处涂毒环，环宽 15 cm 为宜。毒绳制作方法：2.5%溴氰菊酯与废机油按 1∶1 比例配成药油混合液，浸泡包装用纸绳制成毒绳，在树干胸径处缠绕 2 周。

第十节　柳毒蛾

柳毒蛾（*Stilpnltia salicis* L.），属鳞翅目（Lepidoptera）、毒蛾科（Lymantriidae），又名柳雪毒蛾、柳叶毒蛾。

一、分布与危害

分布于科尔沁区、开鲁县、奈曼旗等地。寄主植物为杨、柳、槭、榛。柳毒蛾发生严重时，短期内能将树木叶片全部吃光，严重影响树木生长。

二、主要形态特征

成虫：雌成虫体长 19～23 mm，翅展 48～52 mm，触角栉齿状，干棕灰色。雄成虫体长 14～18 mm，翅展 35～42 mm，触角羽毛状，干白色。体白色，复眼圆形、黑色。足胫节和跗节有黑白相间的环纹。体翅白色，有丝质光泽（图 8.38）。

幼虫：老熟幼虫体长 40～50 mm，头黑色，有棕白色绒毛，体背各节有黄色或白色接合的圆形斑 11 个，第 4、5 节背面各生有黑褐色短肉刺 2 个。除最后一节外，其余两侧横排棕黄色毛瘤 3 个，各毛瘤上分别着生长、短毛簇；体背每侧有黄或白色细纵带各 1 条，纵带边缘黑色。胸足黑色（图 8.41）。

卵：扁圆形，初产时灰褐色，孵化前黑褐色，呈块状，外被灰色胶状物（图 8.39、图 8.40）。

蛹：体长 16～26 mm，红褐色有光泽，体节覆棕色毛，末端有 2 簇黑色臀棘。

图 8.38　柳毒蛾成虫

图 8.39　柳毒蛾卵块外观

图 8.40　柳毒蛾卵块

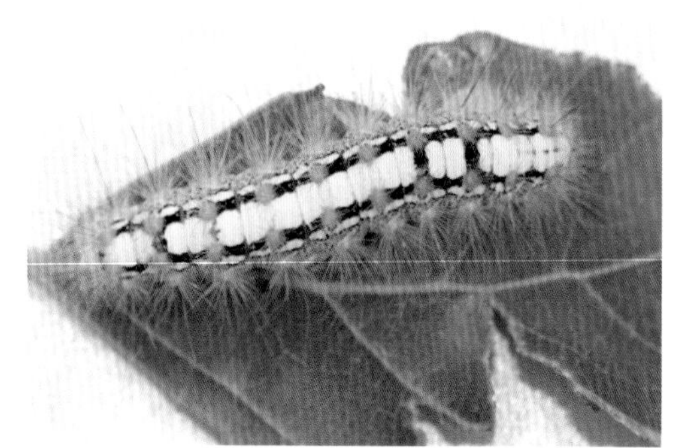

图 8.41　柳毒蛾幼虫

三、生物学特性

1 年发生 2 代，以 2、3 龄幼虫越冬。翌年 4 月下旬越冬幼虫开始活动，5 月上中旬为越冬代幼虫危害盛期。5 月中旬开始化蛹，下旬出现成虫并交尾产卵。6 月中下旬为第 1 代幼虫危害期，8 月上中旬为第 2 代幼虫危害期。第 2 代幼虫于 8 月下旬在树皮缝内吐丝做一小槽或结一灰色薄茧越冬。幼虫多数 6 龄，少数 5 龄。1、2 龄时隐于叶背，只取食叶肉，有群集性，一般 10 条左右聚集在一起，触动时能吐丝下垂。3 龄后分散取食整个叶片，没有吐丝下垂习性。末龄幼虫食叶量占总食叶量的 80%。蜕皮前吐灰色薄丝做一小巢，虫体缩短。幼虫老熟后吐丝卷叶化蛹或在树皮裂缝、节疤、残留的叶柄等处吐丝缠身后化蛹。成虫白天多数隐蔽于树干、叶背等处，趋光性很强，纯杨树林受害严重，混交林受害轻。

四、防治方法

最佳防治期为幼虫期。防治方法参照杨毒蛾。

第十一节　黑绒鳃金龟

黑绒鳃金龟（*Maladera orientalis* Motschulsky），属鞘翅目（Coleoptera）、鳃金龟科（Melolonthidae），又名东方金龟子。

一、分布与危害

分布在通辽市各地。危害蔷薇科果树、柿、葡萄、桑、杨、柳、榆，各种农作物及十字花科等40多科约150种植物。幼虫取食苗木及幼林的根系，可致未生出真叶的幼苗死亡，引起大面积实生苗圃育苗失败，成虫取食寄主幼芽和嫩叶，影响幼树正常生长。

二、主要形态特征

成虫：体长8～10 mm，略呈卵圆形，背面隆起。全体黑褐色，被灰色或紫色绒毛，有光泽，触角黑色，9～10节，柄节膨大，上生3～5根较长刚毛。两鞘翅上各有9条纵纹，侧缘具刺毛。前胫节有2个齿，后胫节细长（图8.42、图8.43）。

图8.42　黑绒鳃金龟成虫

图8.43　黑绒鳃金龟越冬成虫

幼虫：老熟幼虫体长14～16 mm，头部前顶毛每侧1根，额中毛每侧1根，臀节腹面钩状毛区的前缘呈双峰状；刺毛列有20～23根锥状刺组成弧形横带，位于腹毛区近后缘处。体弯曲呈“C”状。

卵：椭圆形，长1.2 mm，乳白色，光滑。

蛹：体长8 mm，黄褐色，复眼朱红色。

三、生物学特性

1年发生1代，以成虫在土中越冬，越冬土层深度20～30cm。翌年4月土层解冻后成虫逐步向上移动，到4月下旬日平均气温达到10 ℃以上时，开始出土活动。在1天中15：00～16：00开始出土，20：00以后逐渐入土潜伏。出土后先在地埂路边杂草上取食，到5月上旬，开始飞翔，多食寄主树种的幼苗及嫩芽、嫩叶（图8.44、图8.45），一般从地边到地中间逐步取食。5月中旬是成虫危害、交配的盛期，5月下旬开始产卵，产卵期可延至7月上旬。雌虫产卵于10～20 cm的土壤中，卵散产或10余粒集于一处。幼虫6月中旬开始孵化，幼虫3龄，7月下旬老熟幼虫在20～30 cm深的土壤中化蛹。8月下旬成虫羽化，成虫羽化后直接潜伏在土中越冬，成虫有假死性和趋光性，飞翔能力强。

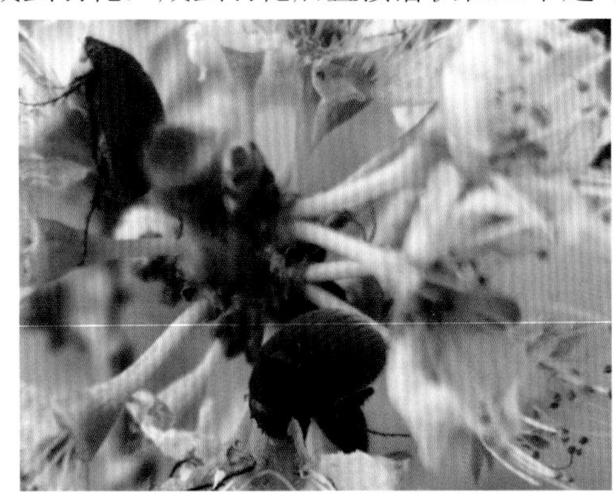

图8.44　黑绒鳃金龟取食

图8.45　黑绒鳃金龟危害嫩叶

四、防治方法

最佳防治期为成虫期、卵期和幼虫期。

1. 物理防治

人工捕捉幼虫，在清晨或黄昏的新鲜被害植株下深挖，找到幼虫集中处理。越冬成虫期，翻耕出成虫冻杀。使用充分腐熟的厩肥作底肥，及时清除杂草，11月前后冬灌或5月中上旬灌水均可减轻危害。在果树及苗木行间、地头、见缝点种豆类、甜菜吸引金龟取食。设置杀虫灯诱杀成虫。

2. 药剂防治

4 月中旬～6 月下旬，利用毒饵诱杀，取杨、柳嫩枝或白菜、菠菜等用辛硫磷乳油 30～50 倍液浸泡，分散撒入地内，诱杀成虫。6 月下旬～8 月下旬，播种前用 50%辛硫磷乳油 3 750 mL/hm^2，加水 10 倍稀释，喷洒在 25～30 kg 的细土上，拌匀施于苗床上，然后浅锄，将药翻入土中。苗木生长期用 50%辛硫磷乳油稀释 1 000 倍灌根。

第十二节　黄刺蛾

黄刺蛾（*Cnidocampa flavescens* Walker），属鳞翅目（Lepidoptera）、刺蛾科（Limacodidae）。

一、分布与危害

分布于库伦旗、开鲁县、奈曼旗、科尔沁区等地。寄主植物为梨、苹果、杏、杨、柳、榆等百余种树木和果树。幼虫危害寄主叶片，初孵幼虫群集取食叶肉呈网状，可将叶片吃成很多孔洞、缺刻或仅留叶柄、主脉，严重发生时将树叶全部吃光，影响果树结实和树木生长。

二、主要形态特征

成虫：雌蛾体长 15～17 mm，翅展 35～39 mm，雄蛾体长 13～15 mm，翅展 30～32 mm，橙黄色。头胸黄色，前翅黄褐色，从顶角到后缘有 2 条呈“V”形褐色斜线，前面斜线内侧黄色，外侧褐色，并具 2 个褐色斑点。后翅灰黄色（图 8.46）。

幼虫：黄刺蛾幼虫又名麻叫子、痒辣子、刺儿老虎、毒毛虫等。幼虫体上有毒毛易引起人的皮肤痛痒。老熟幼虫体长 19～25 mm，粗大，黄绿色，头小隐藏在前胸下方，体背有前后宽中间窄鞋底状大紫褐色斑。体自第二节起，各节背线两侧各有 1 对枝刺，以第 3、4、10 节为大。体两侧各有 9 个枝刺（图 8.47）。

图 8.46　黄刺蛾成虫

图 8.47　黄刺蛾幼虫

卵：长 1.4～1.5 mm，扁椭圆形，一端较尖，淡黄色。

蛹：长 13～15 mm，椭圆形，淡黄褐色。头胸背面黄色。茧椭圆形，质坚硬，黑褐色，上有灰白色不规则条纹，似鸟卵、石灰质（图 8.48）。

三、生物学特性

1 年发生 1 代，以老熟幼虫在树杈、枝条上结茧越冬，翌年 6 月化蛹，7 月下旬到 8 月中下旬羽化成虫，幼虫 8～9 月危害，9 月下旬作茧。成虫昼伏夜出，有趋光性。卵多产于叶背，散产或数粒在一起。每头雌蛾产卵 49～67 粒卵期 7 d 左右。初孵幼虫先取食卵壳，然后多群集于叶背，取食下表皮及叶肉残留上表皮。4 龄后幼虫分散危害，可将叶片吃成孔洞或缺刻，仅残留叶脉。幼虫历期 22～33 d，老熟幼虫结较小的薄茧在其中化蛹，茧做在叶柄或叶片主脉上。卵期 4～5 d，幼虫危害盛期在 8 月上中旬。8 月下旬至 9 月幼虫陆续成熟，在树体上结茧越冬（图 8.49～8.51）。

图 8.48　黄刺蛾茧壳

图 8.49　黄刺蛾危害状

图 8.50　黄刺蛾取食树叶后下树

图 8.51　黄刺蛾下树中

四、防治方法

最佳防治期为结茧期、成虫期和幼虫期。

1. 物理防治

初冬、早春结合修枝剪除虫茧或砸破虫茧；人工摘除卵块；低龄幼虫群集危害时摘除虫叶集中深埋。在成虫羽化始盛期，设置杀虫灯诱杀成虫。

2. 药剂防治

3 龄幼虫前喷洒 1.8%阿维菌素乳油 2 000～3 000 倍液、25%灭幼脲悬浮剂 1 000～2 000 倍液、8%阿维菌素乳油 2 000～3 000 倍液、20%除虫脲悬浮剂 2 000～3 000 倍液、20%杀铃脲悬浮剂 3 000～4 000 倍液。

第十三节 黄褐天幕毛虫

黄褐天幕毛虫（*Malacosoma neustria testacea* Motsch.），属鳞翅目（Lepidoptera）、枯叶蛾科（Lasiocampidae），又名天幕枯叶蛾，俗称顶针虫。

一、分布与危害

分布于通辽市各地。寄主植物为杨、柳、榆、及果树等阔叶树。幼龄幼虫群集在卵块附近小枝上取食嫩叶，在枝丫处吐丝结网，网呈天幕状。大发生时，将整个林木树叶吃光，严重影响树木生长和景观，是林木主要食叶害虫。

二、主要形态特征

成虫：雌成虫体长 15～17 mm，翅展 29～39 mm，褐色，前翅中部有两条黄色横线，横线间为深褐色宽带，宽带内外侧各有一条黄褐色镶边；后翅中间呈不明显的褐色横线。雄成虫黄褐色，体长 13～14 mm，翅展 24～32 mm，前翅中部有两条深褐色横线，中间宽带呈褐色，后翅淡褐色，斑纹不明显；前、后翅缘毛褐色和灰色相间（图 8.52）。

幼虫：老熟幼虫体长 55 mm，体侧有鲜艳的蓝灰色、黄色或黑色带；体背面有明显的白色带，两边有橙黄色横线；体背各节具黑色长毛，侧面生淡褐色长毛，腹面毛短；头部蓝灰色，有深色斑点（图 8.53、图 8.54）。

卵：椭圆形，灰白色，顶部中央凹下，卵块呈顶针状围于小枝上，卵块呈“顶针”状（图 8.55）。

蛹：体长 20～24 mm，黑褐色，有金黄色毛。茧灰白色，外被有黄白粉（图 8.56、图 8.57）。

图 8.52　黄褐天幕毛虫成虫

图 8.53　黄褐天幕毛虫幼虫

图 8.54　黄褐天幕毛虫幼虫群集结网

图 8.55　黄褐天幕毛虫顶针状卵块

图 8.56　黄褐天幕毛虫茧

图 8.57　黄褐天幕毛虫在叶片结茧

三、生物学特性

1年发生1代，以胚胎发育后的幼虫在卵壳中越冬。翌年4月末至5月初开始孵化，5月下旬结茧化蛹，6月下旬成虫羽化，7月上旬达到羽化高峰，7月下旬达到产卵高峰，成虫白天潜伏于树冠外围枝叶间，偶惊扰时迅速作短距离飞行，具较强的趋光性。卵多产在枝上，顶针状排列整齐。初孵幼虫群集在卵块附近小枝上取食嫩叶，2龄幼虫开始向树杈移动，吐丝结网，夜晚取食，白天群集潜伏于网幕内，3龄幼虫食量大增，白天也取食，易暴发成灾，5龄幼虫开始分散活动。幼虫有摆头的习性。幼虫老熟后，爬到树皮缝隙、阔叶树叶或枝上、灌木丛中吐丝结茧。做茧后不立即化蛹，结茧部位多在树冠的中下部。

四、防治方法

最佳防治期为卵期和幼虫期。

1. 物理防治

树木发芽前剪除枝条上“顶针状”卵块，集中烧毁；初龄幼虫集中在虫巢网内时，摘除网幕，集中烧毁；成虫趋光性较强，成虫期夜间可利用灯光诱杀。

2. 药剂防治

5月幼虫期，20亿PIB甘蓝夜蛾核型多角体病毒1 000倍液、1.2%苦·烟乳油800～1 000倍液、B.t可湿性粉剂300～500倍液、25%灭幼脲III号2 000倍液喷雾。

参考文献

[1] 国家林业局森林病虫害防治总站. 林木有害生物防治历[M]. 沈阳：中国林业出版社，2010.

[2] 韩国生. 林木有害生物识别与防治图鉴[M]. 辽宁：辽宁科学技术出版社，2011.

[3] 国家林业局森林病虫害防治总站. 林用药剂药械使用技术手册[M]. 北京：中国林业出版社，2008.

[4] 萧刚柔. 中国森林昆虫[M]. 北京：中国林业出版社，1992.

[5] 中国科学院动物志编辑委员会. 中国经济昆虫志·第五十四册·鞘翅目　叶甲总科（二）[M]. 北京：科学出版社，1996.

[6] 蔡邦华，李亚杰. 榆紫金花虫（*Ambrostoma quadriimpressum* Motsch.）初步研究[J]. 昆虫学报，1960(2)：143-170.

[7] 孟繁君，张大明，宋丽文，等. 榆紫叶甲生物学特性及其防治技术[J]. 林业科技，2009，34(3)：33-34.

[8] 张强，张德军，崔殿军. 黑龙江省西部地区榆紫叶甲发生与防治[J]. 防护林科技，2009(1)：115-116.

[9] 刘显娇，王风珍，李春成. 吉林省西部榆紫叶甲发生及本地自然寄生性天敌调查[J]. 吉林农业，2014(24)：14-15.

[10] 赵绥林，吕庆茹，蔡纪文. 哈尔滨市三种园林害虫发生期测报的研究[J]. 中国森林病虫，2003，22(2)：23-27.

[11] 陈鹏，王风珍，李春成，等. 榆紫叶甲赤眼蜂寄生功能反应对梯度恒温的响应[J]. 东北林业大学学报，2015(1)：114-116.

[12] 王秀梅，臧连生，林宝庆，等. 榆紫叶甲赤眼蜂基础生物学特性及其实验种群生命表[J]. 生态学报，2013，33(20)：6553-6559.

[13] 张晓军，张健，孙守慧. 蠋蝽对榆紫叶甲的捕食作用[J]. 中国森林病虫，2016，35(1)：13-15.

[14] 王秀梅，臧连生，邹云伟，等. 异色瓢虫成虫对榆紫叶甲卵的捕食作用[J]. 东北林业大学学报，2012，40(1)：70-72.

[15] 杜文梅，张俊杰，臧连生，等. 六斑异瓢虫捕食榆紫叶甲卵功能反应的研究[J]. 中国森林病虫，2014，33(4)：15-18.

[16] 司马朝，葛双喜，袁德灿，等. 榆兰金花虫对榆树立木材积生长量的影响[J]. 河南科技，1983(11)：14-16.

[17] 冯文全，王树娟，赵建奇，等. 榆绿毛萤叶甲生物学特性观察及防治方法[J]. 内蒙古林业，2015(9)：14-15.

[18] 梁双林，尹淑芬. 榆兰金花虫有效积温的研究[J]. 河北林业科技，1983(2)：25.

[19] 刘景全，马德昆. 榆兰叶甲有效积温的研究[J]. 东北林业大学学报，1987(S1)：14-18.

[20] 梁双林，尹淑芬. 榆兰叶甲啮小蜂生物学特性研究初报[J]. 河北林业科技，1984(1)：28-31.

[21] 时振亚，王高平，司胜利，等. 榆毛萤叶甲啮小蜂：中国新记录种（膜翅目：姬小蜂科）[J]. 河南农业大学学报，2001，35(4)：326-327.

[22] 姜秀华，王金红，李振刚. 蠋敌生物学特性及其捕食量的试验研究[J]. 河北林业科技，2003(3)：7-8.

[23] 荆英，黄建，黄蓬英. 有益瓢虫的生防利用研究概述[J]. 山西农业大学学报（自然科学版），2002，22(4)：299-303.

[24] 徐光余，杨爱农，李多祥，等. 白僵菌防治榆兰叶甲的研究[J]. 农技服务，2008，25(7)：165-166.

[25] 马丽娟. 优良绿僵菌菌株的筛选及应用性研究[D]. 保定：河北农业大学，2012.

[26] 张杰，宋福平，李长友，等. 对鞘翅目害虫高毒力 Bt 基因 cty3Aa7 的分离克隆及表达研究[J]. 中国农业科学，2002，35(6)：650-653.

[27] 问锦曾，黄虹. 榆绿毛萤叶甲寄生微粒子虫新种记述：微孢子门：微粒子科[J]. 动物分类学报（英文），1995(2)：129-132.

[28] 呼木吉勒图，郝雯，李娜，等. 两种榆树叶甲特性及生物防治研究进展[J]. 内蒙古林业科技，2019，45(03)：51-55.

[29] 敖特根，那顺勿日图，翟秀春，等. 20 亿 PIB 甘蓝夜蛾核型多角体病毒悬浮剂在黄褐天幕毛虫防治中的应用[J]. 防护林科技，2020，197(2)：23-24.

[30] 翟秀春，吴迪，李文娇，等. 黄褐天幕毛无公害物理防治试验[J]. 林业科技，2020，45(6)：34-35.

第九章　鼠　　类

鼠类是生态系统中重要成员之一，但由于植物—鼠类—天敌食物链中各成分比例失调等原因，造成了鼠害的发生与发展。因其个体小、食性杂、对环境适应性强、绝大多数营地下生活等特点，不仅危害严重，而且防治十分困难。

第一节　草原鼢鼠

草原鼢鼠（*Myospalax aspalax* Pallas），属啮齿目（Rodentia）、仓鼠科（Circetidae）、鼢鼠属，又名瞎目鼠子、达乌里鼢鼠、外贝加尔鼢鼠、地羊。草原鼢鼠已列入《世界自然保护联盟》（IUCN）2008 年濒危物种红色名录。

一、分布与危害

草原鼢鼠分布于科左后旗、奈曼旗、扎鲁特旗等地，是农、林、牧业的重要害鼠，主要栖息在土质比较松软的草原、农田以及灌丛、半荒漠地区的草地上，对幼林危害较大。喜食根茎禾草的地下部分及含水量较多的鳞茎、肉质根型植物的根部。

二、主要形态特征

草原鼢鼠外形与东北鼢鼠相似，但尾较长，其上被白色短毛。前爪粗大，第三趾上的爪长 10～20 cm。眼小，耳隐于被毛下。成鼠毛色较淡，一般为银灰色略带淡赭色，上下唇均为白色。头顶，背部与体倨的毛色相似，毛干灰色，毛尖赭色。腹面毛干灰色，先尖污白色，尾及后足背方均被白色短毛。幼兽毛色较深，颈、背部为棕黄色。

草原鼢鼠头骨粗短，在人字嵴处成直截面，鼻宽宽平，后部较窄，明显短于前颌骨的鼻突，颧骨与鼻骨相接处几乎成直线。老年个体的额骨与顶骨上有明显的平形嵴，鳞骨前方的嵴不大。人字嵴相当粗大。眶前孔略成三角形，额弓向两侧突出，最宽处在弓颧前部。门齿孔小，臼齿前方有一不明显的突起。听泡扁平。上门齿末端伸到臼齿列的前方。第一上臼齿最大，后两枚逐渐减小。三个上臼齿很相似，每一个臼齿的内侧均有一个凹角，外侧有两个凹角。第一下臼齿内侧有三个凹角，外侧有两个凹角，其咀嚼面的最前叶近似圆形。第二下臼齿内外侧各有两个凹角，第三下臼齿外侧两凹角不明显，外侧几乎成弧形，内侧第一凹角较深，第二凹角浅，最后一叶成为向后伸的突起（图 9.1）。

图 9.1 草原鼢鼠

三、生活习性

草原鼢鼠营地下生活，极少到地面活动，不冬眠，居住地较固定，活动范围也很局限，只有在大旱或降雨过多的特殊年份，才会出现由高处向低处或由低处向高处迁移的习性，迁巢距离一般不超过 1 000 m。草原鼢鼠全天活动，夜间比较活跃，5 月和 9 月为活动高峰期，感觉非常灵敏，能在地下感知地面轻微的动静，并迅速逃离活动地点，当地面沉寂安静后，才再次恢复活动。秋季觅食产生的土堆大多呈无序排列，土堆的数量及位置，大多都与喜食植物的分布有关。草原鼢鼠有怕风畏光、堵塞开放洞道的习性，当洞穴被打开时，它会很快推土封洞。

洞穴较复杂，洞系由洞道、巢室、仓库、厕所，以及废弃堵塞的盲端组成。地表无洞口，洞道距地面一般 10～15 cm，洞道较长。越冬洞巢室距地表较深，一般在 1～2 m 处，最深可达 2.5 m 以上。洞内有仓库多个，巢室 1～3 个。

四、繁殖方式

繁殖期为 4～6 月，5 月份雌鼠妊娠率最高，每年繁殖 1 次，每窝产仔平均 2～4 只，7 月上旬即可见到活动的幼鼠。

五、预防措施

营造针阔、乔灌混交林；造林时采用驱避剂蘸根或喷干处理；深坑整地或挖掘阻隔沟，整地深度在 60 cm 以上。

六、防治方法

1. 物理防治

（1）人工捕捉。切开有效洞，并把洞口上方的土铲去一部分，留一薄层，待其堵洞时捕捉。

（2）地箭法捕杀。切开有效洞，并把洞口上方的土铲去一部分，留一薄层，设置人工地箭或智能捕鼠器捕杀。

2. 生物防治

保护招引天敌。在人工林内堆积石头堆或枝柴、草堆，招引鼬科、蛇类等天敌动物；在林缘或林中空地，设置招鹰架。严禁捕猎天敌动物。

3. 生物制剂防治

有效洞内投放0.2%莪术醇雌性抗生育剂，投量为50 g/有效洞；新贝奥（雷公藤甲颗粒剂0.25 mg/kg），投量为50 g/有效洞；世双鼠靶生物灭鼠剂（20.02%地芬·硫酸钡饵剂），投量为30 g/有效洞。

第二节　达乌尔黄鼠

达乌尔黄鼠（*Spermophilus dauricus*），属啮齿目（Rodentia）、松鼠科（Sciuridae）、黄鼠属，又名黄鼠、蒙古黄鼠、草原黄鼠、豆鼠子、大眼贼。

一、分布与危害

达乌尔黄鼠分布于中国北部的草原和半荒漠等干旱地区，通辽市各地均有分布，是农、牧、林业的重要害鼠。达乌尔黄鼠危害时并非取食植物的全部，而是选择鲜嫩汁多的茎杆、嫩根、鳞茎、花穗为食，主要危害拧条、山杏、沙棘、榆、杨幼苗和农田牧草等。

二、主要形态特征

达乌尔黄鼠体型肥胖，体长约200 mm，体重154～264 g。雌体有乳头5对。头大而圆。耳壳短小，耳长约7 mm，呈脊状，体毛沙黄而带有黑褐色，尾端为黑色有黄边。眼眶四周有白圈。颅骨呈椭圆形，嘴端略尖。眶上嵴基部的前端有缺口。前足掌部裸出，掌垫2枚、指垫3枚。后足长约35 mm，后足部被毛，有趾垫4枚。除前足拇指的爪较小外，其余各指的爪正常。尾短，不及体长的1/3（约50 mm），尾端毛蓬松（图9.2）。

图 9.2 达乌尔黄鼠

三、生活习性

达乌尔黄鼠是典型的草原动物，通常在植被覆盖率 25%左右，植株高 15～20 cm 处活动，喜温湿而避火热。栖息地区植物较矮，有少量的灌木丛，在阳坡草原中，以莎草科植物为主的草原上为多。白天活动，出洞后善直立瞭望。活动范围一般不超过 150 m（图 9.3、图 9.4）。营群栖穴居生活，洞群多建于锦鸡儿和芨草丛下，分常住洞和临时洞，临时洞内无窝巢，且多达几个至十几个。常住洞洞口前有土堆和足迹，直径约 8 cm，周围无粪便，无仓库，不贮粮。

图 9.3 给达乌尔黄鼠携带跟踪器

图 9.4 带跟踪器的达乌尔黄鼠活动

四、繁殖方式

达乌尔黄鼠每年繁殖一次，从 3 月末出蛰后，4 月中旬雄性睾丸下降率达 100%，此时雌雄彼此追逐，频频鸣叫，寻找配偶。接着雌体进入妊娠期，妊娠率达 92%以上，妊娠期约为 28 d，哺乳期 24 d，每胎产仔 6～8 只，仔鼠 30 d 后自行打洞分居，独立生活。不同生境和不同年龄组的雌性鼠，妊娠率没有差别。

五、防治方法

1. 人工捕杀

活动时期采取夹捕、封洞、陷阱、水灌、剖挖等措施进行捕杀。

2. 生物防治

保护招引蛇类、猞猁、狸、豹猫、鼬科动物和犬科动物等天敌。

3. 生物制剂防治

繁殖前用抗生育药剂防治，使用环保型雌性抗生育药剂 0.2 %莪术醇或新贝奥（雷公藤甲颗粒剂 0.25 mg/kg）。4 月前按棋盘式投药，用药量为 2.5～3.0 kg/hm^2。

参考文献

[1] 国家林业局森林病虫害防治总站. 林木有害生物防治历[M]. 沈阳：中国林业出版社，2010.

[2] 韩国生.林木有害生物识别与防治图鉴[M]. 沈阳：辽宁科学技术出版社，2011.

[3] 罗泽珣，陈卫，高武，等. 中国动物志[M]. 北京：科学出版社，2000.

[4] 敖特根，张泽新，韩凤英，等. 草原鼢鼠防治技术规程：DB 15/T 1833—2020[S]. 呼和浩特：内蒙古自治区市场监督管理局，2020.

[5] 国家林业局森林病虫害防治总站. 林业有害生物防治技术[M]. 北京：中国林业出版社，2014.

[6] 钱皆兵. 宁波林业害虫原色图谱[M]. 北京：中国农业科学技术出版社，2012.

[7] 刘朝霞. 鄂尔多斯林业有害生物防治实务全书[M]. 北京：中国农业科学技术出版社，2012.

第三篇　通辽果树经济林主要有害生物

本篇主要介绍通辽果树经济林主要有害生物，收录了桃蛀果蛾、梨小食心虫、苹果小卷叶蛾、苹果全爪螨、二斑叶螨、山楂叶螨、苹果绣线菊蚜、金纹细蛾、绿盲蝽、苹果腐烂病、苹果轮纹病、苹果斑点落叶病、苹果褐斑病和苹果锈病14种果树经济林主要有害生物和病害。

第十章　虫　　害

第一节　桃蛀果蛾

桃蛀果蛾（*Carposina sasakii* Matsumura），属于鳞翅目（Lepidoptera）、蛀果蛾科（Carposinadae），又名桃小食心虫，分布于黑龙江、内蒙古、吉林、辽宁、北京、天津、河北、山东、山西、江苏、上海、安徽、浙江、福建、河南、陕西、甘肃、宁夏、青海、湖南、湖北、四川、台湾等地，在通辽市各地均有分布，主要危害苹果、桃、梨、枣、李、梅 、山楂等果树。

一、形态特征

成虫：全身淡灰褐色，雌虫体长 7～8 mm，翅展 16～18 mm，雄虫略小，体长 5～6 mm，翅展 13～15 mm。前翅中央近前缘处有一蓝黑色的近似三角形大斑，翅基部至中部有 7 簇褐色斜立的鳞片丛，后翅灰色。雌蛾触角丝状，下唇须长而直，并向前伸；雄蛾触角栉齿状，下唇须短而上翘（图 10.1）。

卵：椭圆形或桶形。初产卵淡红色，后渐变深红色，近孵化时呈暗红色，长 0.4～0.41 mm，宽 0.31～0.36 mm，以底部黏附于果实上，表面密布椭圆形刻纹，顶端环生 2～3 圈“Y”状刺。卵壳上具有不规则的略呈椭圆形的刻纹（图 10.2）。

图 10.1　桃小食心虫成虫

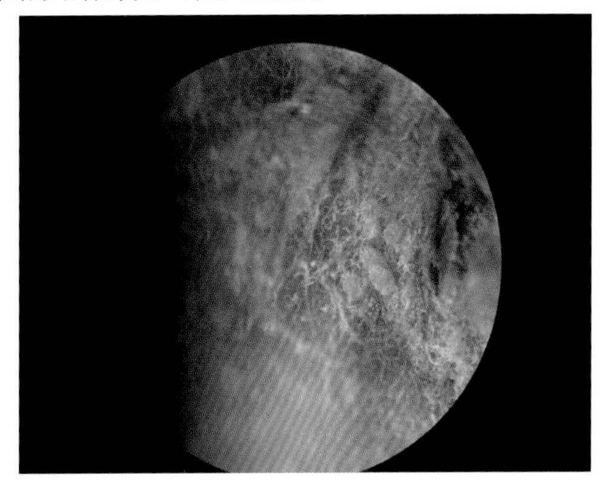

图 10.2　桃小食心虫卵

幼虫：初孵幼虫淡黄白色，老熟幼虫桃红色，体长 13～16 mm。头及前胸背板暗褐色。第八腹节的气门较其他各节的气门更靠近背中线。臀板黄褐色或粉红色，上有明显的深色斑纹。前胸侧毛群有 2 根刚毛。腹足趾钩排成单序环。无臀栉（肛门上面梳齿状的骨片，呈棕褐色或褐色，用以弹去粪便）（图 10.3）。

蛹：体长 6.5～8.6 mm，黄白色至黄褐色，近羽化时灰黑色，蛹壁光滑无刺。翅、足和触角端部不紧贴蛹体而游离，后足端至少达第五腹节后缘，并明显超出翅端很多。

茧：分冬、夏两型。冬茧扁圆形，长 4.5～6.2 mm，宽 3.2～5.2 mm，质地紧密，包被老龄休眠幼虫。夏茧纺锤形，长 7.8～9.9 mm，宽 3.2～5.2 mm，质地松散，一端有羽化孔，包被蛹体。两种茧外表黏着土砂粒（图 10.4）。

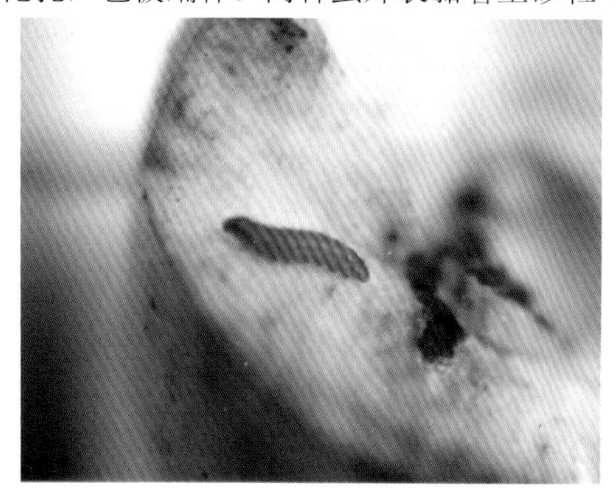

图 10.3　桃小食心虫幼虫

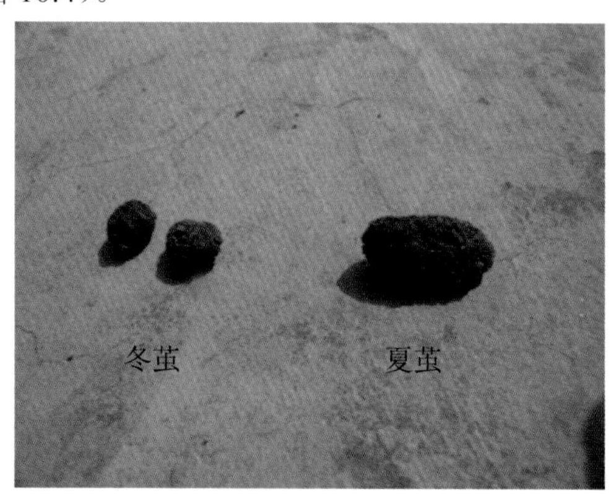

图 10.4　桃小食心虫茧

二、发生习性

在通辽市 1 年发生 1～2 代，以老熟幼虫在 3～13 cm 深的土层内作扁形的越冬茧过冬。平地果园多集中在靠近主干周围的土中，部分未脱果的老熟幼虫在果内或是堆果场和果库内越冬。第 2 年 5 月下旬至 7 月中下旬破茧出土。越冬幼虫出土期能持续 2 个月或更长。出土后的幼虫先在地面爬行一段时间，而后在土缝、树干基部缝隙、草根旁或其他隐藏场所作茧化蛹。蛹期半月左右。越冬代成虫一般在 6 月上旬到 6 月下旬陆续发生，一直延续到 7 月下旬、8 月上旬结束。成虫羽化后 2 d 左右开始产卵，田间卵发生在 6 月中旬、下旬，卵多产于果实萼洼处，也可产在萼片上或梗洼处，卵期为 6～8 d。初孵幼虫在果面爬行 2～3 h 后，多从胴部蛀入果内危害。田间最早在 6 月中、下旬可以发现个别被害果，7 月初明显增多，7 月中、下旬蛀果危害最烈，7 月中旬至 9 有上旬幼虫陆续老熟后脱果落地。8 月中旬前脱果的大部分做夏茧，并化蛹、羽化、产卵、孵化继续危害，以第 2 代幼虫做茧越冬；8 月中旬以后脱果的直接入土做冬茧越冬。第 1 代与第 2

代卵期相接，一直延续到9月中、下旬，发生期长达90 d左右。

成虫白天不活动，深夜活泼，无趋光性和趋化性。雄蛾对桃小食心虫性引诱剂有极强的趋性。

三、危害特点

以幼虫蛀果危害。初孵幼虫由果面蛀入后留有针尖大小的蛀入孔，经2～3 d后孔外溢出汁液，呈水珠状，干涸后呈白色蜡状物（图10.5）。不入蛀孔变为极小的黑点，其周围稍凹陷。果实受害前期，幼虫大多数在果皮下串食，虫道纵横弯曲，使果实发育成凸凹不平的畸形果，俗称“猴头果”。后期受害果实果形变化较小，幼虫大多直接蛀入果实深层串食，直至果心部位。被害果虫道内充满褐色颗粒状虫粪，俗称“豆沙馅”。幼虫老熟后脱出果实，果面上留有明显的脱果孔，孔外常带有虫粪（图10.6）。

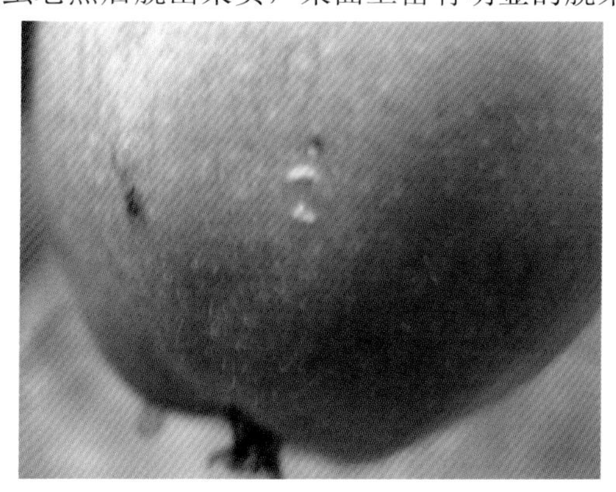

图10.5　桃小食心虫蛀果

图10.6　桃小食心虫幼虫脱果

四、监测调查

（一）越冬幼虫

1. 调查时间

桃落花后开始，至7月下旬、8月上旬越冬幼虫全部出土结束。

2. 调查方法

在具有发生代表性的果园，选择上年受害较重的5株树为调查树（虫口密度低时，可于上年8月末以后采集虫果堆积在调查树下补足虫量），每株树以树干为圆心，在1 m半径的圆内，同心轮纹状错落放置小瓦片50片。从谢花开始，每天定时翻查1次瓦片，检查越冬幼虫出土数量，结果填入表10.1。

表 10.1　桃小食心虫幼虫出土调查表

旗县：　　　　　　　调查地点：　　　　　　　树种（品种）：

调查时间：　　　　　　　　　　　　　　　　　调查人：

调查日期（月/日）	越冬幼虫出土数量/（头·株$^{-1}$）					合计/头	平均/（头·株$^{-1}$）	备注
	株 1	株 2	株 3	株 4	株 5			

（二）成虫种群动态

1. 调查时间

始见出土幼虫开始，每天调查 1 次，至各诱捕器连续 5 d 诱蛾量为 0 时结束。

2. 调查方法

采用性诱剂诱测法。性诱剂种类为含人工合成桃小食心虫性信息素的普通诱芯。

3. 诱捕器的种类

粘胶板诱捕器和水盆诱捕器均可。

（1）粘胶板诱捕器。

选用长×宽为 55.0 cm×24.5 cm 的矩形白色高强度钙塑板，按长边将钙塑板围成截面边长 18.0 cm 的三角形柱体，留 1.0 cm 接口涂胶粘贴定形，制成三角形诱捕器。将三角形诱捕器横放，内壁底面放置 1 张单面粘胶板，并用别针或者铁线将其固定在诱捕器底面上，防止粘胶板起拱或者被风吹落。将 1 枚性诱芯放置于粘胶中央，方向与诱捕器长边平行。将 1 根约 30 cm 长、直径 1.2 mm 的细铁丝从诱捕器顶边中央穿过，用于粘胶板诱捕器的田间悬挂。

（2）水盆诱捕器。

选用直径 20～25 cm，深约 10 cm 的硬质红色塑料盆，用约 30 cm 长、直径 1.2 mm 的细铁丝穿过 1 枚性诱芯小头中间，并将其大头朝下固定于塑料盆中央，制成水盆诱捕器。水盆诱捕器中添水至距诱芯 0.5～1.0 cm 处，水中加入 0.5%洗衣粉，将 3 根 10～20 cm 长、直径 1.2 cm 的细铁丝等距离固定于水盆边上，且顶端拧在一起，用于水盆诱捕器的田间悬挂。

4. 诱捕器设置

选择当地代表性的，集中连片、周围无高大建筑物遮挡的，面积不小于 50 亩的苹果园 3～5 个。根据果园大小，每个果园从边缘 10 m 起，向中心方向等距离悬挂 3～5 个诱捕器，诱捕器间距不少于 40 m。诱捕器要悬挂在果树树冠的背阴处，悬挂高度 1.5～1.8 m。

5. 管理和数据记录

每日上午检查诱蛾数，记录日诱量，结果填入表 10.2。检查完粘胶板诱捕器后，用镊子清除粘胶板上的虫尸及杂物，粘胶板每 15 d 更换 1 次，春季遇沙天气或虫量过大时，酌情缩短粘胶板的更换时间；检查完水盆型诱捕器后，用漏勺清除水盆中的虫尸及杂物，注意保持诱芯与水面的距离，适时加水和补充洗衣粉。

诱捕器中的性诱芯应为当年制作的新诱芯，每 30 d 更换 1 次。包装袋中的性诱芯未用完时，应将包装袋封口、−18 ℃以下冷冻保存，以便当季使用。当年度性诱芯当年使用。

果园桃小食心虫发生动态的长期监测时，不同年份间应保持性诱芯监测果园、设置地点和位置不变。

表 10.2　桃小食心虫成虫种群动态调查表

旗县：　　　调查地点：　　　树种（品种）：　　　调查年度：　　　调查人：

调查日期（月/日）	诱捕器诱蛾量（头）					合计/头	平均（头·诱捕器$^{-1}$）	备注
	1	2	3	4	…			

（三）田间卵量

1. 调查时间

成虫始见至成虫发生期结束或果实采收结束，每 5 d 调查 1 次。

2. 调查方法

选择危害轻重不同、面积不小于 5 亩的果园 3～5 个作为调查园，于每个园内采用棋盘式抽样法，选择苹果树 10 株，在每株的东、西、南、北、中 5 个方位随机调查 20 个果实，每株树调查 100 个，每 5 d 调查 1 次，记录卵果数。随后，将卵去掉，将结果填入调查表 10.3。

卵果率（%）＝（调查果实中桃小食虫卵果数/调查总果实数）×100%

表 10.3　桃小食心虫田间卵量调查表

旗县：　　　　调查地点：　　　　树种（品种）：

调查年度：　　　　调查人：

调查日期（月/日）	株号	果数/个	卵果数/个	卵果率/%	备注

（四）幼虫危害率

1. 调查时间

共调查 2 次，第一次调查为 8 月上旬，第二次调查为正常采收期前。

2. 调查方法

取样方法同卵果率调查。检查果实被害情况，记载调查果实中的虫果数、幼虫脱果孔数，调查结果填入表 10.4。

虫果率（%）＝（调查果实中桃小食虫虫果数/调查总果实数）×100%

表 10.4　桃小食心虫幼虫危害率调查表

旗县：　　　　调查地点：　　　　树种（品种）：

调查年度：　　　　调查人：

调查日期（月/日）	株号	果数/个	虫果数/个	虫果率/%	备注

五、防治技术

防治采用地下防治与树上防治、化学防治与人工防治相结合的综合防治原则，根据虫情测报进行适期防治是提高好果率的技术关键。

（一）人工防治

生长季节及时摘除树上虫果、捡拾落地虫果，集中深埋，杀灭果内幼虫。树上摘除从 6 月下旬开始，每半月进行 1 次。结合深秋至初冬深翻施肥，将树盘内 10 cm 深土层翻入施肥沟内，下层生土撒于树盘表面，可将越冬幼虫深埋土中，将其消灭。果树萌芽期，以树干基部为中心，在半径 1.5 m 左右的范围内覆盖塑料薄膜，边缘用土压实，能有效阻挡越冬幼虫出土和羽化的成虫飞出。果实尽量套袋，阻止幼虫蛀食危害。

（二）诱杀雄性成虫

从 5 月中下旬开始在果园内悬挂桃小食心虫的性引诱剂每亩 5～10 粒，诱杀雄成虫。一个半月左右更换 1 次诱芯。对于周边没有果园的孤立苹果园，该项措施即可基本控制桃小食心虫的危害。但对于非孤立苹果园，不能彻底诱杀，只能用于虫情测报，以决定喷药时间。

（三）生物防治

利用性诱芯监测，连续诱集到桃小食心虫成虫，当平均每个诱捕器每天诱到 3～5 头时，即为食心虫成虫羽化初盛期和产卵初期，此时开始释放赤眼蜂。苹果园释放的赤眼蜂以松毛虫赤眼蜂、螟黄赤眼蜂和玉米螟赤眼蜂为主，根据苹果园内成虫发生数量确定释放赤眼蜂数量，一般每次放赤眼蜂量为 2 万～3 万头/亩，分别于成虫羽化高峰期后第 2 天、第 6 天、第 10 天释放 3 次。蜂卡挂在果树中部略靠外的叶片背面，或用一次性纸杯等制成释放器以遮阳、挡雨，每间隔 3～5 株树悬挂 1 张蜂卡。在幼虫初孵期，喷施细菌性农药（BT 乳剂），使幼虫罹病死亡。

（四）化学防治

1. 地面防治

在越冬幼虫开始出土时进行地面用药，50%辛硫磷乳油 100 倍液均匀喷洒树下地面，喷湿表层土壤，然后耙松土壤表层，杀灭越冬代幼虫。土壤墒情好的果园可以选用白僵菌、昆虫病原线虫地面防治。

一般在 5 月中旬后果园下透雨后或浇灌后，是地面防治的关键期。也可利用性引诱剂测报，决定施药时期，当诱到第一头雄蛾时即为地面用药时期。

2. 树上防治

地面用药后 20～30 d 进行树上喷药防治，或在卵果率 0.5%～1%，初孵幼虫蛀果前，树上喷药；也可通过性诱剂测报，在单个诱捕器诱到 5 头成虫时即为树上用药时期。防治第 2 代幼虫，需在第 1 次喷药 35～40 d 后进行。5～7 d 1 次，每代喷药 2～3 次。效果较好药剂有 4.5%高效氯氰菊酯 1 500～3 000 倍液，35%氯虫苯甲酰胺水分散粒剂 7 000～10 000 倍液，1.8%阿维菌素乳油 2 000～3 000 倍液，1%甲氨基阿维菌素苯甲酸盐乳油 1

500～3 000 倍液，20%甲氰菊酯乳油 1 500～2 000 倍液，25%灭脲悬浮剂 750～1 500 倍液，20%高氯·辛硫磷乳油 600～800 倍液等。喷药要及时、均匀、周到。

第二节　梨小食心虫

梨小食心虫（*Grapholitha molesta* Busck），属鳞翅目（Lepidoptera）、卷蛾科（Tortricidae），又名梨小蛀果蛾、东方果蠹蛾、梨姬食心虫、桃折梢虫、东方蛀蛾、桃折心虫，分布于广东、河北、黑龙江、河南、湖北、内蒙古、江苏、吉林、辽宁、四川、新疆、浙江、香港、台湾等地。通辽市主要分布于科尔沁区、开鲁县、科左中旗、科左后旗、奈曼旗、库伦旗。危害苹果、梨、李、杏、桃、枣、樱桃等果树。

一、形态特征

成虫：体长 5～6 mm。翅展 10～15 mm。个体大小差别很大。全体灰褐色，无光泽；头部具有灰褐色鳞片，下唇须向上弯曲；前翅混杂有白色鳞片，中室外缘有一个黑斑点，是本种的显著特征，肛上纹不明显，有两条竖带，四条黑褐色横纹，前缘约有 10 组白色钩状纹。后翅暗褐色，基部较淡，缘毛黄褐色。雄性外生殖器：抱器腹中间凹陷很深；抱器端有许多毛；阳茎呈手枪形，基部 1/3 处最宽，有阳茎针多枚。雌性外生殖器：产卵瓣内侧略凹，上大下小；交配孔圆形，有明显导管端片；囊导管特宽而短；囊突两枚，牛角状（图 10.7）。

卵：淡黄白色，半透明，扁椭圆形，中央隆起，孵化前呈黑褐色。

幼虫：老熟幼虫体长 10～13 mm。头部黄褐色，两侧有深色云雾状斑纹；前胸背板浅黄褐色；肛上板浅褐色。肛门处有臀栉，有齿 4～6 根。腹足趾钩单序环式，30～40 根。臀足单序缺环，20 余根。初孵幼虫体白色，后变成淡红色（图 10.8）。

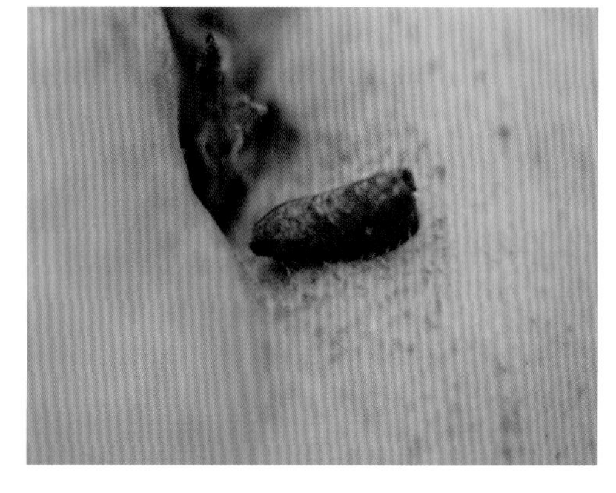

图 10.7　梨小食心虫成虫

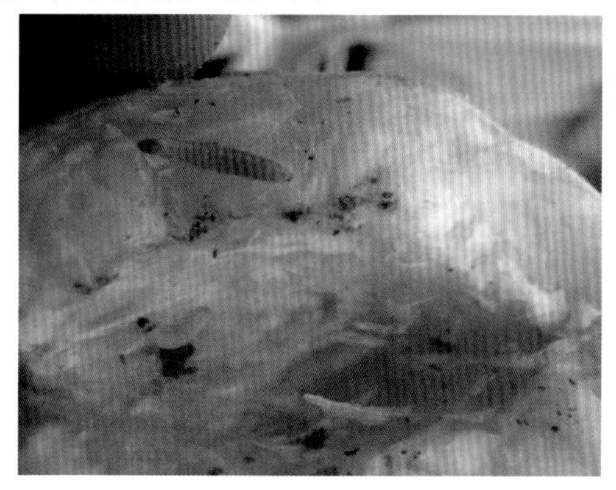

图 10.8　梨小食心虫幼虫

蛹：长 6.8～7.4 mm，黄褐色，复眼黑色，3～7 腹节背面有两行刺突，8～10 节各有一行大刺突，殿棘 8 根。

二、生活习性

通辽地区 1 年发生 3～4 代，以老熟幼虫在树体枝干翘皮下、裂缝内及树干基部周围的土内、杂草落叶内结茧越冬，堆果场等处亦有越冬幼虫。第 2 年 4 月上旬，树液开始流动时越冬幼虫开始化蛹、羽化，成虫羽化初期在发生期很不整齐。危害梢的虫卵产于中部叶背；危害果的虫卵，核果类产于胴部，仁果类多产于萼洼和两接缝处，散产；每雌蛾产卵 70～80 粒；卵期 7 d 左右。1 头蛀梢幼虫可蛀 2～5 个梢，蛀果幼虫一般不转移。仁、核心类混栽园，1、2 代幼虫主要危害桃梢，第 3 代后幼虫以危害果实为主，其中第 3 代危害果实最重。非越冬幼虫老熟后多于果柄、枝干皮缝等处结茧化蛹。成虫寿命一般 3～6 d。完成一代需 20～40 d。

梨小食心虫成虫白天潜伏，傍晚开始活动，并交尾、产卵。成虫对糖醋液、果汁、黑光灯有很强的趋性，雄蛾对性引诱剂趋性强烈。雨水多、湿度大的年份有利于成虫产卵，梨小食心虫发生危害严重，与桃树混栽或相邻的苹果园发生量大。

三、危害特点

梨小食心虫危害桃、梨、苹果果实及桃梢较重。危害梨、苹果多从两果相贴或萼洼、梗洼、果面处蛀入，早期被害果蛀孔外有虫粪排出，晚期被害果多无虫粪；幼虫多直入果心危害，蛀孔周围变黑腐烂并逐渐扩大俗称“黑药膏”（图 10.9、图 10.10），苹果蛀孔周围不变黑，桃、杏、李果多在果核附近蛀食果肉。危害梢从上部叶柄基部蛀入髓部，向下蛀至硬化部便转移，蛀孔流胶并有虫粪，被害梢枯萎下垂而死。

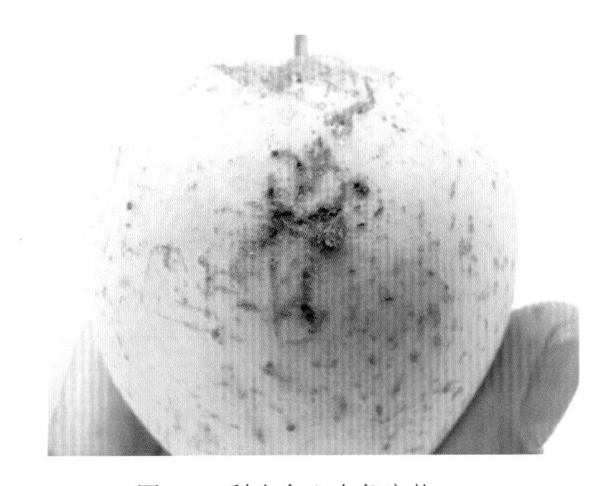

图 8.9　梨小食心虫危害状

图 8.10　梨小食心虫蛀果孔处虫粪

四、监测调查

（一）越冬基数调查

梨小食心虫越冬前，一般在 9 月中旬开始，选有代表性的幼果园、盛果园或老果园各 2 块，每块园面积在 5 亩以上，每块园在靠近边缘、中间部位各选 1 株果树，每株果树在距地面 0.1～0.2 m 的主干上用 10 cm 宽的胶带绕扎 1 周，一般 2～3 层，人为制造一个越冬场所，于 12 月下旬调查胶带下的梨小食心虫越冬数量，结果填入表 10.5。

表 10.5　梨小食心虫越冬虫量调查记录表

旗县：　　　　　　　　　　　　地点：

调查年度：　　　　　　　　　　调查人：

调查时间（月/日）	幼果园主干（头·10 cm^{-1}）	盛果园主干（头·10 cm^{-1}）	老果园主干（头·10 cm^{-1}）	平均主干（头·10 cm^{-1}）	备注

（二）成虫监测

诱捕器监测：4 月上旬，在有代表性的桃园、梨园或苹果园内，均匀设置水盆式诱捕器或三角型诱捕器 5 个，诱捕器间距应在 50 m 以上；每日定时记录诱蛾数量，调查结果填入表 10.6；诱芯每月更换一次。

表 10.6　梨小食心虫成虫（诱蛾量）调查记录表

旗县：　　　　　　调查地点：　　　　　　树种（品种）：

调查年度：　　　　　　　　　　　　　　　调查人：

日期	诱捕数量/头						平均诱捕量（头·诱捕器$^{-1}$）	备注
	1#	2#	3#	4#	5#	合计		

注：1#～5#为诱捕器编号，备注栏内填写诱捕器中诱到的其他害虫种类及数量。

水盆式诱捕器：水盆直径 30～40 cm，深度 15～20 cm 为宜，水盆距离地面 1.5 m 左右；水盆内放入 0.5%洗衣粉液，在水盆中央距水面 1 cm 处固定诱芯 1 个；及时补充水盆内的洗衣粉液，保持水面高度。

三角形诱捕器：悬挂在通风条件较好、树冠上部 1/3 处的较粗枝条上，高度不低于 1.7 m；诱芯放置在诱捕器中部，距离底部的粘虫板 1 cm 处。应根据黏虫效果及时更换粘虫胶板，其他要求与水盆式诱捕器相同。

（三）卵果数调查

1. 调查时间

自果园诱到成虫时开始查卵，每 5 天调查 1 次，取每旬的中间日，即每旬逢 3、8 日调查。

2. 调查方法

选择幼果园、盛果园、老果园各 1 块，每块园面积在 5 亩以上，每块果园在靠近边缘、中间部位各固定几株果树，每株树在上部、外部、内部共查梨果 100 个。记录卵果数，计算卵果率。结果填入调查表 10.7。

表 10.7 梨小食心虫田间卵量调查表

旗县： 调查地点： 树种（品种）：

调查年度： 调查人：

调查日期（月/日）	果园类型	调查果数/个	卵果树/个	卵果率/%	备注
	幼果园				
	盛果园				
	老果园				
	平均				

（四）危害情况调查

1. 新梢受害情况调查

5 月上旬和 6 月上旬，按照五点式、对角线式、棋盘式、平行线式或“Z”字式选取样树 10 株，分别调查受害新梢，每株调查新梢 30 个，调查结果填入梨小食心虫新梢危害情况记录表，计算新梢受害率（表 10.8）。

表 10.8　梨小食心虫新梢危害情况记录表

旗县：　　　　　　调查地点：　　　　　　树种(品种)：

调查年度：　　　　　　　　　　　　　　　调查人：

调查日期	调查新梢数/个	新梢受害数/个	新梢受害率/%	备注

2. 果实受害情况调查

在果实膨大后，按照新梢受害情况调查方法选取样树，调查果实受害情况。每株调查果实 30～50 个，记录受害果实数量，每 7 d 调查 1 次，调查结果填入梨小食心虫危害果实情况记录表，计算受害果率（表 10.9）。

表 10.9　梨小食心虫危害果实情况记录表

旗县：　　　　　　调查地点：　　　　　　树种（品种）：

调查年度：　　　　　　　　　　　　　　　调查人：

调查日期	调查总果数/个	其中受害果数/个	受害率果/%	备注

五、防治技术

（一）人工防治

1. 合理配置树

新建果园，避免桃、李、杏、樱桃等核果与梨、苹果等仁果类果树混栽，两类果树种植距离应在 300 m 以上。

2. 铲除越冬虫源

发芽前，先在地面铺上塑料薄膜，彻底刮除主干、主枝上的粗皮、翘皮于塑料薄膜中，集中销毁。同时，清除果园内的（特别是树冠下的）杂草、落叶。然后全园喷施 1 次石硫合剂，消灭残余越冬幼虫。

3. 翻树盘

10 月中下旬到上冻前，翻树盘，破坏幼虫越冬场所。

4. 诱杀越冬幼虫

桃树 8 月中下旬，梨树、苹果树 9 月中下旬，在树干上捆绑草把、麻袋片或专用诱捕纸板，诱集下树越冬的幼虫，在封冻前取下烧毁。

5. 清理受害新梢、果实

5 月上旬～8 月下旬，及时剪除受害新梢，集中销毁处理。采收前，及时摘除受害果实；采收后，及时清除园内残存果实，集中处理。

（二）物理防治

1. 糖醋液诱杀

4 月上旬，按照 3～5 个/亩悬挂糖醋液诱捕器诱杀成虫，及时添加糖醋液并清洗诱捕器。

2. 迷向防治法

根据往年监测数据，在成虫发生期前 3 d 左右，果树上挂梨小迷向丝防治成虫。

3. 应用杀虫灯诱杀

成虫发生高峰期间，在果园每 30 亩地设置 1 盏诱虫灯，活杀成虫。

4. 果实套袋

桃、梨、苹果等果实定果后，套袋防治。

（三）生物防治

各代成虫发生高峰期，释放松毛虫赤眼蜂 1～2 次，间隔时间 5 d，每次释放 1 万～2 万次/亩。

（四）化学防治

药剂防控的关键是喷药时期。可结合诱杀成虫测报，在每次诱蛾高峰后 2～3 d 各喷药 1 次，即可有效防控梨小危害果。常用有效药剂：4.5%高效氯氰菊酯乳剂或乳剂 1 500～3 000 倍液、35%氯虫苯甲酰胺水分散粒剂 7 000～10 000 倍液、1.8%阿维菌素乳油 2 000～3 000 倍液、1%甲氨基阿维菌素苯甲酸盐乳油 1 500～3 000 倍液、20%甲氰菊酯乳油 1 500～2 000 倍液、25%灭脲悬浮剂 750～1 500 倍液等。要求喷药必须及时、均匀、周到。

第三节　苹果小卷叶蛾

苹果小卷叶蛾（*Adoxophyes orana* Fisher von Roslerstamm），属于鳞翅目（Lepidoptera）、卷蛾科（Tortricidae），又名棉褐带卷蛾、茶小卷蛾、苹小卷叶蛾、黄小卷叶蛾、溜皮虫等，分布于东北、华北、华中、西北、西南等地区。通辽市主要分布于科尔沁区、开鲁县、科左中旗、科左后旗、奈曼旗、库伦旗。危害苹果、梨、李、杏、桃、花红、山楂、樱桃等果树。

一、形态特征

成虫：体长 6～8 mm，翅展 15～20 mm，体黄褐色；触角丝状，下唇须明显前伸；前翅淡棕色或黄褐色，前缘向后缘和外缘角有 2 条浓褐色斜纹，其中 1 条自前缘向后缘达到翅中央部分时明显加宽，外侧的 1 条较内侧细；前翅后缘肩角处及前缘近顶角处各有一小的褐色纹（图 10.11）。

卵：扁平椭圆形，淡黄色半透明，数十粒排成鱼鳞状卵块（图 10.12）。

幼虫：老熟幼虫体长 13～17 mm，身体细长，头和前胸板淡黄色，幼龄时淡绿色，老龄时翠绿色，腹部末端有臀栉 6～8 根（图 10.13）。

蛹：黄褐色，长 9～11 mm，腹部背面每节有刺突两排，下面一排小而密，尾端有 8 根钩状刺毛（图 10.14）。

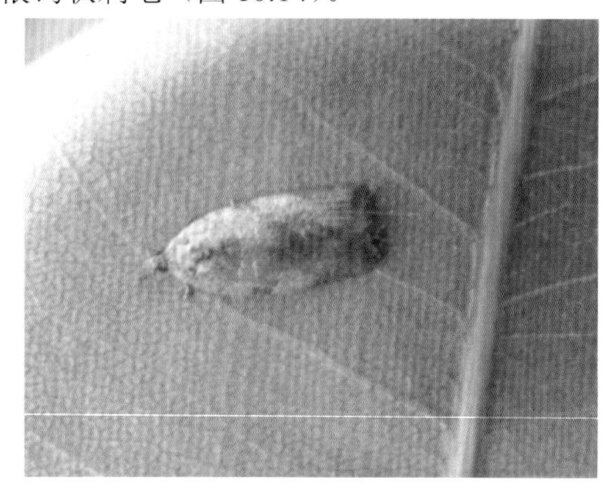

图 10.11　苹果小卷叶蛾成虫

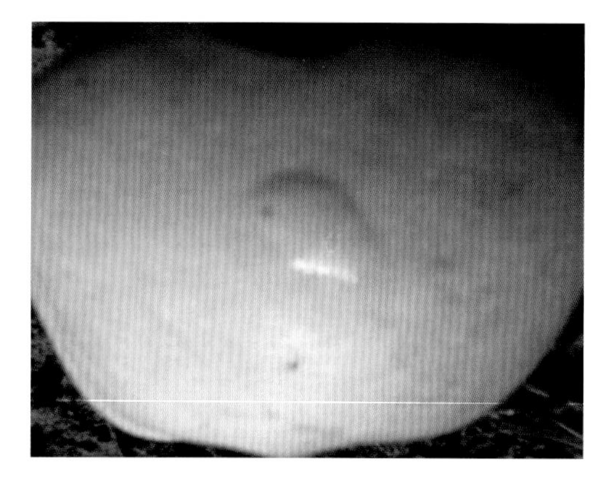

图 10.12　苹果小卷叶蛾卵

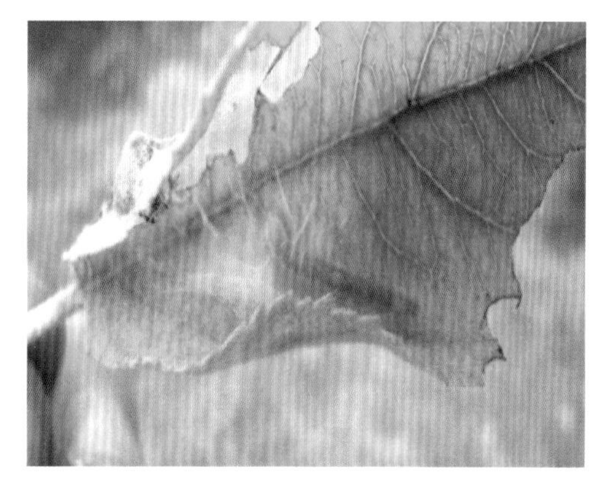

图 10.13　苹果小卷叶蛾幼虫

图 10.14　苹果小卷叶蛾蛹

二、发生习性

苹果小卷叶蛾在通辽 1 年发生 3 代，以 2 龄幼虫结白色薄茧潜伏在树皮裂缝、老翘皮下、剪锯口周围死皮内等处越冬。第 2 年苹果萌芽后开始出蛰危害，盛花期是幼虫出蛰盛期，前后持续 1 个月，是全年防治第一个关键期。出蛰幼虫首先爬到新梢上危害幼芽、幼叶、花蕾和嫩梢，展叶后吐丝缀叶成“虫包”，幼虫在“虫包”内取食危害。幼虫非常活泼，有转移危害习性，稍受惊动，即吐丝下垂随风飘动转移。老熟幼虫在卷叶内化蛹，蛹期 6～9 d。成虫羽化后 1～2 d 即可交尾、产卵，每雌蛾产卵百余粒，卵期 6～8 d。幼虫期 15～20 d。6 月中旬前后为第 1 代幼虫初孵盛期，是全年防控的第二个关键时期。第 1 代成虫发生期在 7 月中下旬，第 2 代幼虫发生期在 8 月份，第 3 代幼虫发生期多从 9 月中下旬开始。

第 1 代幼虫主要危害叶片，第 2、3 代既可危害叶片，也可危害果实。成虫昼伏夜出，有趋光性，对糖醋液、果汁及果醋趋性很强。

三、危害特点

苹果小卷叶蛾以幼虫危害叶片和果实。危害叶片时，幼虫吐丝把几个叶片连缀在一起，从中取食危害，将叶片吃成缺刻、孔洞或网状，以新叶受害严重。危害果实时，在果实表面舔食出许多不规则的小坑洼，严重时坑洼连片，尤以叶果相贴和两果接触部位最易受害。

四、监测调查

（一）越冬幼虫量调查

1. 调查时间

苹果树花芽萌动前调查 1 次。

2. 调查方法

按 5 株/亩的取样量确定调查树数量，采用棋盘式抽样法固定调查树。调查中心和骨干枝所有的剪锯口及中心干上不少于 100 cm^2 老翘皮下越冬茧的数量，同时剥开茧统计其中活虫数，将结果填入表 10.10。

表 10.10　苹果小卷叶蛾越冬幼虫调查表

旗县：　　　　　　　调查地点：　　　　　　　树种（品种）：

调查日期：　　　　　　　　　　　　　　　　　调查人：

株号	调查剪锯口数/个	剪锯口越冬茧存活数/个	调查翘皮面积（100 cm^2）	翘皮下越冬茧存活率/个	活虫数（头·$株^{-1}$）	备注

（二）成虫种群动态调查

1. 调查时间

苹果树萌芽期开始，每天调查 1 次，至连续 5 d 诱蛾量为 0 时结束。

2. 调查方法

引诱调查。性诱剂种类为含人工合成苹果小卷叶蛾性信息素的普通诱芯。诱捕器种类、设置、管理和数据记录同桃小食心虫。

（三）幼虫危害率调查

按照 5 株/亩的取样量确定调查株数量，采用棋盘式抽样法固定调查株；每株树记录树冠 200 个枝条，记录虫包数，统计枝条被害率；调查 100 个虫包的有虫（幼虫、蛹及蛹壳）数及死亡虫数、统计百枝活虫数；将结果填入表 10.11。

表 10.11　苹果小卷叶蛾幼虫发生危害情况调查表

旗县：　　　　　　　调查地点：　　　　　　　树种（品种）：

调查年度：　　　　　　　　　　　　　　　　　调查人：

调查日期（月/日）	株号	调查枝条数（个）	枝条被害数（个）	枝条被害率（%）	百枝活虫数（头）	备注

五、防治技术

（一）人工防治

萌芽前刮除枝干粗皮、翘皮，破坏幼虫越冬场所，并将刮下残余组织集中烧毁，消灭越冬虫源。生长期结合疏花、疏果及夏剪等措施，及时剪除卷叶虫苞，集中深埋。

（二）药剂防治

1. 萌芽初期

苹果树芽萌初期全园喷施 1 次 3～5 波美度石硫合剂或 45%石硫合剂晶体 50～60 倍液，杀灭残余越冬幼虫。

2. 生长期

落花后及时喷药是防治越冬代幼虫的关键期，6 月中旬左右是防治第 1 代幼虫的关键期，8 月份是防治第 2 代幼虫的关键期。每期内喷药 1～2 次即可。另外，也可利用性诱剂或诱虫灯、糖醋液等测报，在诱蛾高峰出现后 3～5 d 喷药。常用有效药剂有：25%灭幼脲悬浮剂 1 500～2 000 倍液、20%除虫脲悬浮剂 2 000～3 000 倍液、240 g/L 甲氧虫酰肼悬浮剂 2 000～3 000 倍液、35%氯虫苯甲酰胺水分散粒剂 10 000～12 000 倍液、1.8%阿维菌素（富农）乳油 3 000～4 000 倍液、1%甲氨基阿维菌素苯甲酸盐乳油 3 000～4 000 倍液、5%虱螨脲悬浮剂 1 000～1 500 倍液等。另外，也可喷施苏云金杆菌、杀螟杆菌、白僵菌、核型多角体病毒等微生物农药防治。在幼虫卷叶前喷药效果最好，若已开始卷叶，需适当增大喷洒药液量。

（三）其他防治措施

在果园内设置黑光灯、频振式诱蛾灯、性引诱剂诱捕器、糖醋液诱捕器等，诱杀成虫。有条件的果园也可在越冬代成虫产卵盛期释放赤眼蜂。具体方法是：根据诱蛾测报，从诱蛾高峰出现后第 3 天开始放蜂，以后每隔 5 d 放蜂 1 次，共放蜂 4 次，每次每树放蜂量分别为第 1 次 500 头、第 2 次 1 000 头、第 3 次和第 4 次均为 500 头。

第四节 苹果全爪螨

苹果全爪螨（*Panonychus ulmi* Koch），属于真螨目（Acariformes）、叶螨科（Tetranychidae），又称苹果红蜘蛛、苹果叶螨，俗称“红蜘蛛”，分布于辽宁、山东、山西、河南、河北、江苏、湖北、四川、陕西、甘肃、宁夏、内蒙古、北京等地。通辽市主要分布于科尔沁区、开鲁县、科左中旗、科左后旗、奈曼旗、库伦旗。主要危害苹果、梨、桃、李、杏、山楂、沙果、海棠、樱桃等果树。

一、形态特征

成螨：雌成螨椭圆形，体长 0.34～0.45 mm，宽约 0.29 mm。体深红色，背部显著隆起，体表有横皱纹，体背有粗而长的13对刚毛着生在黄白色瘤状突起上；足4对，黄白色；各足爪间突具坚爪。雄成螨体略小，长约0.28 mm，初蜕皮时为浅橘黄色，取食后呈深橘黄色，眼红色，腹末较尖削，其他特征同雌成螨（图10.15）。

卵：葱头形，两端略显扁平，直径0.13～0.15 mm，顶端生有1根短毛，卵面密布纵纹；越冬卵深红色，夏卵橘红色。

幼螨：近圆形，足3对，体毛明显；越冬卵孵化出的第1代幼螨呈淡橘红色，取食后呈暗红色；夏卵孵出的幼螨初孵时为浅黄色，后变为橘红色或深绿色。

若螨：足4对，有前期若螨与后期若螨之分。前期若螨体色较幼螨深；后期若螨体背毛较为明显，体形似成螨，已可分辨出雌雄。

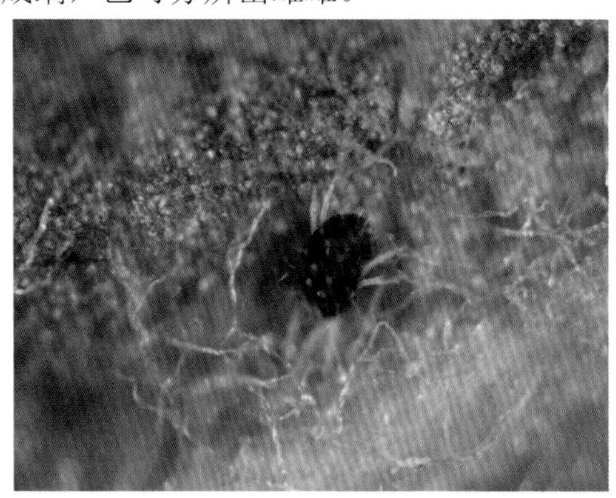

图10.15　苹果全爪螨

二、发生习性

苹果全爪螨在通辽地区1年发生6～8代，卵在短果枝，果薹基部，多年生枝条的分权处，1、2年生枝条的交接处，叶痕，芽痕及粗皮等处越冬。发生严重时，主枝及侧枝的背面、果实萼洼处均可见到越冬卵。第2年苹果花蕾膨大时越冬卵开始孵化，晚熟品种盛花期为孵化盛期、终花期为孵化末期。初孵化幼螨先在嫩叶和花器上危害，后逐渐向全树扩散蔓延。5月上中旬出现第1代成螨，5月中旬末至下旬为成螨发生盛期，并交尾产卵繁殖，卵期夏季6～7 d，春秋季9～10 d。完成1代平均为10～14 d。从第2代后开始出现世代重叠。7～8月份进入危害盛期，8月下旬至9月上旬出现越冬卵，9月下旬进入越冬卵产卵高峰期。

三、危害特点

苹果全爪螨以幼螨、若螨和成螨刺吸危害叶片为主，幼螨，若螨，雄螨多在叶背取食活动，雌螨多在叶面活动危害，成螨较活泼，爬行迅速，夏卵多产在叶背主脉附近和近叶柄处，以及叶面主脉凹陷处，很少吐丝拉网。

危害初期叶片正面产生许多失绿斑点，后呈灰白色；严重时，叶片呈黄褐色，表面布满螨蜕，远看呈一片苍灰色，但不引起落叶。另外，苹果全爪螨还可危害嫩芽与花器，严重时造成嫩芽不能正常萌发，花器扭曲变形。

四、监测调查

（一）越冬卵量调查

1. 调查时间

3 月中、下旬，苹果树花芽萌动前。

2. 调查方法

按 5 株/亩的取样量确定调查树数量，采用棋盘式抽样法固定调查树。从调查树的树冠内、外部随机选取枝条，共取 100 个枝条（长、中、短枝比例为 1∶2∶7），调查芽痕处的越冬卵量，将结果填入表 10.12。

表 10.12　苹果全爪螨越冬卵量调查表

旗县：　　　　调查地点：　　　　树种（品种）：

调查日期：　　　　调查人：

株号	调查枝条数/个	越冬卵数/个	平均卵数/（粒·百枝$^{-1}$）	备注

（二）越冬卵孵化期调查

1. 调查时间

在苹果树萌芽前，越冬卵临近孵化前开始调查，至连续 5 d 不再有卵孵化时结束。

2. 调查方法

按 5 株/亩的取样量确定调查树数量，采用棋盘式抽样法固定调查树；每株树上截取 5～10 个 3 cm 长的小段，把每段钉在 5 cm×10 cm 长的白色的小木板上，在每段的周围涂 1 cm 宽的凡士林油，防止幼螨逃逸，将小木板挂在树木的背阴处。从卵开始孵化之日起，每日早晨观察孵化的幼螨数，并统计孵化率，将结果填入表 10.13。

表 10.13 苹果全爪螨越冬卵孵化期调查表

旗县：　　　　调查地点：　　　　树种（品种）：

调查年度：　　　　调查人：

调查日期 月/日	株号	各枝段越冬卵孵化率/%				平均孵化率 /%
		1	2	3	…	

（三）活动态螨和夏卵调查

1. 调查时间

从苹果树开花到 9 月底，每 7 d 调查 1 次。

2. 调查方法

按 5 株/亩的取样量确定调查树数量，采用棋盘式抽样法固定调查株；在每株树的树冠东、南、西、北、中 5 部位各随机抽取 5 片成龄叶子，每株共取 25 片，用手持扩大镜检查其上活动态螨和夏卵的数量，将结果填入表 10.14。

表 10.14 活动态螨和夏卵数量调查表

旗县：　　　　调查地点：　　　　树种（品种）：

调查年度：　　　　调查人：

调查日期 月/日	株号	活动态螨数/头					夏卵数/粒				
		1	2	3	4	叶均螨量 /（头·叶$^{-1}$）	1	2	3	4	平均卵量 /（粒·叶$^{-1}$）

五、防治技术

（一）天敌防治

人工释放天敌捕食螨。释放捕食螨前 2 周，采用阿维菌素、多抗霉素等选择性药剂全园细致喷雾一次。果园种植三叶草或在释放捕食螨前 2 个月进行果园蓄草。一般于 6 月初越冬代叶螨雌成螨还处于内膛集中阶段时，平均单叶害螨（包括卵）量小于 2 只时释放捕食螨。选择傍晚或阴天，将有捕食螨的包装袋用小钉钉在每株树的第一枝杆交叉处背阴面，每株 1 袋。挂螨后 1 月内果园禁止使用杀螨剂，杀虫剂、杀菌剂，可使用对捕食螨影响最小的药剂。

（二）药剂防治

1. 萌芽期

苹果萌芽期（最好在刮除粗翘皮后），全园喷施 1 次 3～5 波美度石硫合剂或 45%石硫合剂晶体 50～60 倍液，杀灭树上越冬螨卵。

2. 生长期

一般果园，苹果落花后 3～5 d 是生长期药剂防治的第一关键期，需要喷药 1 次；以后在害螨数量快速增长初期再喷药 1 次，即可有效控制苹果全爪螨的全年危害。上年危害严重果园（越冬螨卵数量较大），可在花序分离期喷施 1 次对螨卵和幼螨效果较好的药剂，如 5%噻螨酮乳油或可湿性粉剂 1 000～1 500 倍液，避免造成严重危害。常用有效药剂还有：1.8%阿维菌素乳油 2 500～3 000 倍液、240 g/L 螺螨酯乳油 4 000～5 000 倍液、20%四螨嗪可湿性粉剂 1500～2000 倍液、5%唑螨酯乳油 1500～2000 倍液、20%甲氰菊酯乳油 1 500～2 000 倍液、110 g/L 乙螨唑悬浮剂 5 000～7 500 倍液、43%联苯肼酯悬浮剂 2 000～3 000 倍液等。喷药时，必须均匀周到，使内膛、外围枝叶均要着药，采用淋洗式喷雾效果最好；若在药液中混加有机硅类等农药助剂，杀螨效果更好。

第五节 二斑叶螨

二斑叶螨（*Tetranychus urticae* Koch），属于真螨目（Acariformes）、叶螨科（Tetranychidae），俗称白蜘蛛，全国各地均有分布。危害苹果、梨、桃、杏、李、樱桃、葡萄等多种果树。

一、形态特征

成螨：雌成螨椭圆形，体长 0.42～0.59 mm，体背有刚毛 26 根，排成 6 横排；生长季节为白色、黄白色，体背两侧各具 1 块黑色长斑，取食后呈浓绿色至褐绿色；密度大时或种群迁移前体色变为橙黄色；在生长季节没有红色个体出现；滞育型体呈淡红色，体侧无斑。雄成螨近卵圆形，体长 0.26 mm，前端近圆形，腹末较尖，多呈绿色（图 10.16）。

卵：球形，直径 0.13 mm，光滑，初产时乳白色，渐变橙黄色，近孵化时出现红色眼点。

幼螨：初孵时近圆形，体长 0.15 mm，白色，取食后变暗绿色，眼红色，足 3 对。

若螨：前期若螨体长 0.21 mm，近卵圆形，足 4 对，色变深，体背出现色斑；后期若螨体长 0.36 mm，与成螨相似。

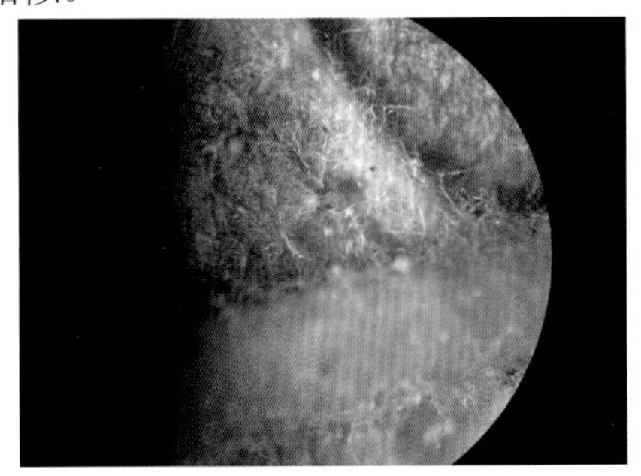

图 10.16　二斑叶螨

二、发生习性

二斑叶螨在通辽地区 1 年发生 7～13 代，以受精的雌成螨在老翘皮下、树皮裂缝中、土壤缝隙内、枯枝落叶下及宿根杂草的根际处吐丝结网潜伏越冬。第二年果树萌芽期，越冬雌成螨开始出蛰活动，先在树下的早春杂草寄主上取食、危害、产卵繁殖。卵期 10 余天。成螨开始产卵至第 1 代幼螨孵化盛期需要 20～30 d，以后世代重叠。5 月中旬后陆续迁移到树上危害。由于 5 月份温度较低，一般不会造成严重发生。随气温升高，其繁殖速度加快，在 6 月上中旬进入全年的猖獗危害期，7 月上中旬进入高峰期。二斑叶螨发生期持续时间较长，一般年份可持续到 8 月中旬前后。10 月后陆续出现带育个体，但此时如温度超出 25 ℃，滞育个体仍可恢复取食，体色由滞育型的红色再变回到黄绿色，进入 11 月后均滞育越冬。

三、危害特点

二斑叶螨以成螨、若螨、幼螨刺吸汁液危害。危害初期螨多聚集在叶背主脉两侧，受害叶片正面初期表现叶脉附近产生许多细小失绿斑痕，之后叶面逐渐失绿呈苍灰绿色，叶背渐变褐色，叶片硬而脆。螨口密度大时，叶面上结薄层白色丝网，或在新梢顶端和叶尖群聚成“虫球”，严重时造成大量落叶，当年果实发育不良，受害严重果树秋季发再次叶，甚至开二次花，削弱树势，影响次年的产量。

四、监测调查

（一）越冬雌成螨量调查

1. 调查时间

3 月中、下旬，苹果树花芽萌动前。

2. 调查方法

按 5 株/亩的取样量确定调查株数，采用棋盘式抽样法固定调查树。从调查树的根茎部向上 5 cm 处，调查宽度为 10 cm 环树干一周的翘皮下越冬雌成螨的数量，同时，在调查树东、西、南、北 4 个方位调查面积为 25 cm×25 cm 杂草上二斑叶螨雌成螨数量，将结果填入表 10.15。

表 10.15 二斑叶螨越冬雌成螨量调查表

旗县：　　　　　　　　　调查地点：　　　　　　　　树种（品种）：

调查日期：　　　　　　　　　　　　　　　　　　　调查人：

株号	树干		杂草		平均螨量/（头·100 cm^{-2}）	备注
	调查面积/cm^2	雌成螨数/头	调查面积/cm^2	雌成螨数/头		

（二）活动态螨和夏卵调查

1. 调查时间

从果树落花后开始，每 7 d 调查 1 次，至落叶前结束。

2. 调查方法

同苹果全爪螨的活动态螨和夏卵调查方法。

五、防治技术

（一）生物防治

人工释放天敌捕食螨。方法参考苹果全爪螨的“以螨治螨”。二斑叶螨的自然天敌有 30 多种，如深点食螨瓢虫、食螨瓢虫、暗小花蝽、草蛉、塔六点蓟马、小黑隐翅虫、盲蝽、拟长毛钝绥螨、东方钝绥螨、芬兰钝绥螨、藻菌、白僵菌等，应注意保护和利用天敌资源，以充分发挥天敌的自然控制作用。深点食螨瓢虫幼虫期每头可捕食二斑叶螨 200～800 头，藻菌能使二斑叶螨致死率达 80%～85%，白僵菌能使二斑叶螨致死率达 85.9%～100%。

（二）人工防治

人工处理害螨越冬场所及早春寄生。苹果萌芽前（越冬雌成螨出蛰前），仔细刮除树干上的老皮、粗皮、翘皮，清除果园内的枯枝落叶和杂草，集中深埋或烧毁，消灭害螨越冬场所，铲除越冬雌成螨。春季及时中耕除草，特别要清除园内阔叶杂草，及时剪除孽苗，消灭其上的二斑叶螨。

（三）药剂防治

1. 萌芽期

在苹果树芽萌动至发芽前，全园喷施1次3～5波美度石硫合剂或45%石硫合剂晶体50～60倍液，边同果园内地面一同喷洒，杀灭树上、树下的越冬及早春害螨。

2. 生长期

苹果落花后半月内（害螨上树危害初期）是药剂防治二斑叶螨的第一关键期，6月底及7月初（害螨从树冠内膛向外围扩散初期）是药剂防治的第二关键期，需各喷药1次，以后在害螨数量快速增长时（平均每叶活动态螨达7～8头时）再喷药1次，即可控制害螨的全年危害。常用药剂及喷药技术同苹果全爪螨。

第六节　山楂叶螨

山楂叶螨（*Tetranychus viennensis* Zacher），属于真螨目（Acariformes）、叶螨科（Tetranychidae），又名山楂红蜘蛛，俗称“红蜘蛛”，分布于东北、西北、华北及江苏北部等地区，通辽市主要分布于科尔沁区、开鲁县、科左中旗、科左后旗、奈曼旗、库伦旗，主要危害梨、苹果、桃、樱桃、山楂、李、枣、核桃等多种果树。

一、形态特征

成螨：雌成螨体椭圆形，体长0.54～0.59 mm，体背前方隆起，4对足，分冬夏两型，冬型鲜红色，夏型暗红色。雄成螨略小，体长0.35～0.45 mm，体末端尖削，蜕皮初期浅黄色，渐变绿色，后期淡橙黄色，体背两侧有黑绿色斑纹（图10.17）。

卵：圆球形，春季产的卵呈橙黄色，夏季产的卵呈黄白色（图10.18）。

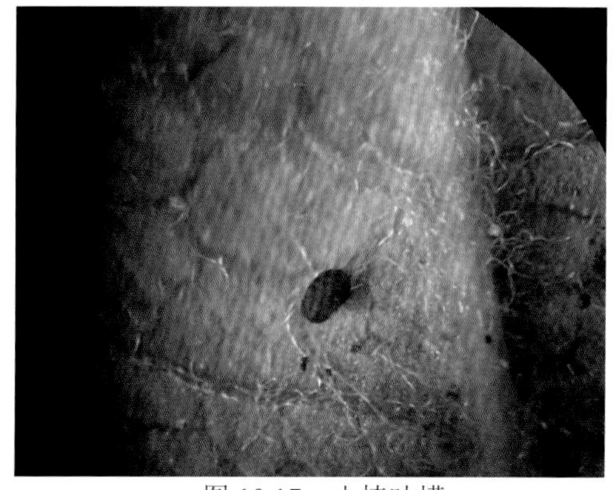

图10.17　山楂叶螨

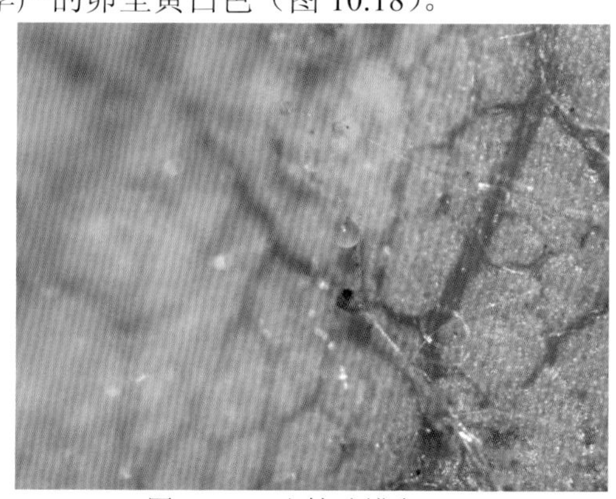

图10.18　山楂叶螨卵

幼螨：初孵化幼螨体圆形、黄白色，取食后为淡绿色，3 对足。

若螨：4 对足，前期若螨体背开始出现刚毛，两侧有明显墨绿色斑，后期若螨体较大，体形似成螨。

二、发生习性

山楂叶螨在通辽地区 1 年发生 6～7 代，以受精雌螨在树干、主枝和侧枝的翘皮下、裂缝内、根茎周围土缝内、落叶下及杂草根部越冬（图 10.19）。第 2 年日平均气温达 9～10 ℃，苹果芽膨大露绿时雌螨出蛰危害芽，展叶后到叶背危害，此时为出蛰盛期，整个出蛰期达 40 余 d。成螨取食 7～8 d 后开始产卵，苹果盛花期为产卵盛期，落花后 7～10 d 产卵结束，卵期 8～10 d。落花后 7～8 d 达卵孵化盛期，同时有成螨出现，以后世代重叠。5 月中旬以前螨口密度较低，6 月份成倍增长，到 7 月份达全年发生高峰期，从 8 月上旬开始，由于雨水较多，加之天敌的控制作用，山楂叶螨繁殖受到限制，螨量开始减少。9～10 月开始出现受精雌成螨越冬。高温干旱条件下有利于山楂叶螨的发生危害。

图 10.19　越冬山楂叶螨雌成螨

三、危害特点

山楂叶螨以雌成螨、若螨、幼螨刺吸汁液危害，以叶片上发生危害最重，嫩芽、花器及幼果上也可发生。叶片受害，多在叶背基部的主脉两侧出现黄白色褪绿斑点，螨量多时全叶苍白色，易变黄枯焦，严重时在叶片背面甚至正面吐丝拉网，叶片呈红褐色，似火烧状，易引起早期落叶，常造成受害果树二次发芽开花，削弱树势。果实受害，幼果期受害状多不明显，近成熟果受害严重时常诱使杂菌感染而导致果实腐烂。成螨有吐丝结网习性，卵多产于叶背主脉两侧和丝网上。螨量大时，成螨顺丝下垂，随风飘荡传播（图 10.20）。

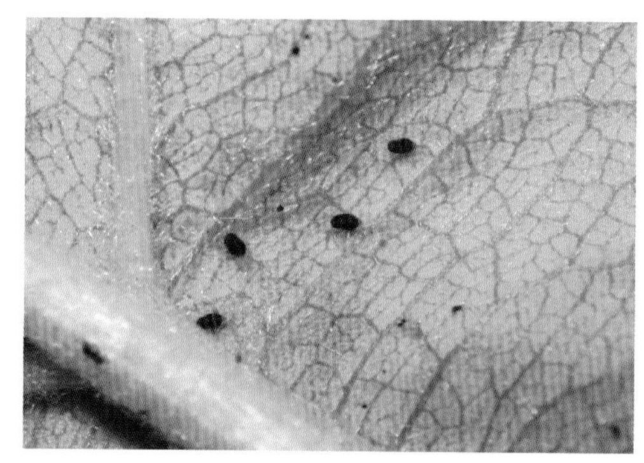

图 10.20　山楂叶螨在叶背面危害状

四、监测调查

（一）越冬雌成螨量调查

1. 调查时间

3 月中、下旬，苹果树花芽萌动前。

2. 调查方法

按 5 株/亩的取样量确定调查株数，采用棋盘式抽样法固定调查树。从调查树的根茎部向上 5 cm 处，调查宽度为 10 cm 环树干一周的翘皮下越冬雌成螨的数量，将结果填入表 10.16。

表 10.16　山楂叶螨越冬雌成螨量调查表

单位：　　　　　　　　　　地点：

调查时间：　　　　　　　　调查人：

株号	调查面积/cm^2	雌成螨数/头	螨量/（头·100 cm^{-2}）	备注

（二）越冬雌成螨出蛰期调查

1. 调查时间

在苹果树花芽萌芽期至盛花期，从临近萌芽时开始每天调查 1 次，至盛花期结束。

2. 调查方法

按照 5 株/亩的取样量确定调查株数，采用棋盘式抽样法固定调查树。每株树在树冠内膛枝和基部主枝上标定 10 个顶芽，共 20 个。每天频率观察记录爬上芽的螨量，将结果填入表 10.17。

表 10.17　山楂叶螨越冬雌成螨出蛰危害期调查表

旗县：　　　　　　　　　　　　　　地点：
调查年度：　　　　　　　　　　　　调查人：

调查日期（月/日）	树号	芽号				累计/头	平均/（头·株$^{-1}$）	备注
		1	2	3	…			

（三）活动态螨和夏卵调查

1. 调查时间

从苹果树开花开始，每 7 d 调查 1 次，至落叶前结束。

2. 调查方法

同苹果全爪螨的活动态螨和夏卵调查方法。

五、防治技术

（一）生物防治

1. 以螨治螨

人工释放天敌捕食螨。方法参考苹果全爪螨。

2. 保护天敌资源

药剂防治山楂叶螨时，注意保护和利用天敌资源，山楂叶螨的自然天敌主要有：深点食螨瓢虫、束管食螨瓢虫、陕西食螨瓢虫、小黑瓢虫、深点刻瓢虫、小黑花蝽、塔六点蓟马、中华草蛉、晋草蛉、丽草蛉、东方钝绥螨、普通盲走螨、拟长毛钝绥螨、食卵萤螨、西北盲走螨、植缨螨等。

（二）人工防治

害螨越冬前于树干上绑缚草把，诱集越冬雌成螨，待进入初冬后解下草把集中烧毁。苹果萌芽前彻底刮除枝干粗皮、翘皮，清除园内枯枝、落叶、杂草，集中烧毁，消灭害螨越冬场所。

（三）药剂防治

1. 萌芽期

苹果萌芽前（最好在刮除粗翘皮后），全园喷施 1 次 3～5 波美度石硫合剂或 45%石硫合剂晶体50～60倍液，杀灭树上残余的越冬雌成螨螨。喷药应均匀周到，淋洗式喷雾效果最好。

2. 生长期

苹果萌芽后至花序分离期是防治越冬雌成螨的关键期，苹果落花后10 d左右至20 d左右是喷药防治第1代幼螨、若螨的关键期；以后在害螨发生数量快速增长初期还需进行喷药，喷药1～2次，间隔期1个月左右。常用药剂及喷药技术同苹果全爪螨。

第七节 苹果绣线菊蚜

苹果绣线菊蚜（*Aphis citricola* Van der Goo），属于同翅目Hemiptera、蚜科Aphididae，又名苹果黄蚜、苹叶蚜虫，分布于北方苹果产区，以华北、东北发生较重，在通辽各地均有分布，主要危害苹果、梨、杏、桃、李、樱桃、海棠、山楂等果树。

一、形态特征

成虫：有翅胎生雌蚜体长1.5～1.7 mm，翅展约4.5 mm，体近纺锤形，头、胸、口器、腹管、尾片均为黑色，腹部黄绿色至浅绿色，复眼暗红色；触角丝状6节，较体短，第3节有圆形次生感觉圈6～10个，第4节有2～4个；尾片圆锥形，末端稍圆，有9～13根毛。无翅胎生雌蚜体长1.6～1.7 mm，宽约0.95 mm，体长卵圆形，黄色至黄绿色，复眼、口器、腹管和尾片均为黑色；触角6节，显著比体短，基部浅黑色，无次生感觉圈；腹管圆柱形向末端渐细，尾片圆柱形，生有10根左右弯曲的毛；体两侧有明显的乳状突起。

卵：椭圆形，长约0.5 mm，初产时浅黄色，渐变黄褐色、暗绿色，孵化前为漆黑色，有光泽。

若虫：体鲜黄色，无翅若蚜腹部较肥大，腹管短；有翅若蚜胸部发达，具翅芽，腹部正常。

二、发生习性

绣线菊蚜通辽地区1年发生约10代，以卵在枝条的芽旁、枝杈或树皮缝内等处越冬，以2～3年生枝条的分杈和鳞痕处的皱缝处产卵量较多。翌年苹果芽萌动后开始孵化，若蚜集中到芽和新梢嫩叶上危害，10余天后发育成熟，陆续孤雌繁殖胎生后代。5～6月份主要以无翅胎生繁殖，是苹果新梢受害盛期；气候干旱时，蚜虫种群数量繁殖快，危害重。进入 6 月份后产生有翅蚜，逐渐迁飞至其他寄主植物上危害。10 月份又回迁到苹果树上，产生有性蚜，有性蚜交尾后陆续产卵越冬。

三、危害特点

苹果绣线菊蚜以成虫、若虫刺吸嫩叶、新梢及幼果汁液进行危害。被害新梢上的叶片凹凸不平并向叶背弯曲横卷，影响新梢生长发育。虫量大时，新梢及叶片表面布满黄色蚜虫。幼果受害，虫量小时果实受害状不明显，虫量大时导致果实凹凸不平，严重影响果品质量（图 10.21）。

图 10.21 苹果绣线菊蚜危害状

四、监测调查

（一）越冬卵量调查

1. 调查时间

苹果花芽萌动前调查 1 次。

2. 调查方法

按 5 株/亩的取样量确定调查树数量，采用棋盘式抽样法固定调查树。每株树固定 10 个 2～3 年生枝条，调查枝条分叉和鳞芽缝处的越冬卵数量，将结果填入表 10.18。

表 10.18 苹果绣线菊蚜越冬卵调查表

旗县： 调查地点： 树种（品种）：

调查时间： 调查人：

株号	调查枝条数/条	总卵量/粒	百枝卵数/粒	备注

（二）生长期种群动态调查

1. 调查时间

从苹果树开花开始，每 7 天调查 1 次，9 月底结束。

2. 调查方法

按 5 株/亩的取样量确定调查株数，采用棋盘式抽样法固定调查树。每株树按东、南、西、北、中随机选取 5 个新梢，调查每梢 5～10 片叶的活虫数，将结果填入表 10.19。

表 10.19　苹果绣线菊蚜生长期种群动态调查表

旗县：　　　　　　调查地点：　　　　　　树种（品种）：

调查年度：　　　　　　　　　　　　　　　调查人：

调查日期（月/日）	株号	调查枝条数/个	活虫数/头	梢均虫数/头	备注

五、防治技术

（一）休眠期

苹果芽萌动时，均匀周到地喷施 1 次 3～5 波美度石硫合剂或 45%石硫合剂晶体 40～60 倍液，杀灭越冬虫卵。

（二）生长期

往年危害严重果园，在萌芽后近开花时，喷药 1 次，对控制绣线菊蚜的全年危害效果显著；一般果园，落花后至麦收是药剂防治的主要时期。当嫩梢上蚜虫数量开始迅速上升时或开始危害幼果时（多为 5 月中下旬至 6 月初）开始喷药，每 7～10 d 1 次，连续 2 次左右即可。常用有效药剂有：70%吡虫啉水分散粒剂 8 000～10 000 倍液、350 g/L 吡虫啉悬浮剂 4 000～6 000 倍液、10%吡虫啉可湿性粉剂 1 500～2 000 倍液、20%啶虫脒可溶性粉剂 8 000～10 000 倍液、4.5%高效氯氰菊酯乳油或水乳剂 1 500～2 000 倍液、25%吡蚜酮可湿发来粉剂 2 000～2 500 倍液、22%氟啶虫胺睛悬浮剂 10 000～15 000 倍液、10%氟啶虫酰胺水分散粒剂兑水 2 500～5 000 倍液等。喷药时，在药液中混加有机有硅类等农药助剂，可显著提高杀虫效果。

（三）保护和利用天敌

苹果绣线菊蚜的天敌种类很多，主要有瓢虫、草蛉、食蚜虻、寄生蜂、花蝽等（图

10.22）。药剂防治苹果绣线菊蚜时，根据蚜虫数量决定是否用药，并尽量选用防治蚜虫的专化药剂，以保护天敌的繁殖增长。

图 10.22 天敌对绣线菊蚜的控制

第八节 金纹细蛾

金纹细蛾（*Lithocolletis ringoniella* Mats），属于鳞翅目 Lepidoptera、细蛾科 Gracilariidae，又名苹果细蛾，分布于辽宁、河北、河南、山东、山西、陕西、甘肃、安徽、江苏、内蒙古等省区，通辽市主要分布于科尔沁区、开鲁县、科左中旗、科左后旗、奈曼旗、库伦旗，主要危害苹果、海棠、山定子、山楂、梨、李、桃等果树。

一、形态特征

成虫：体长约 3 mm，体金黄色，其上有银白色细纹，头部银白色，顶端有两丛金黄色鳞毛。前翅狭长，金黄色，自基部至中部中央有 1 条银白色剑状纹，翅端前缘有 4 条、后缘有 3 条银白色纹，呈放射状排列；后翅披针形，缘毛很长（图 10.23）。

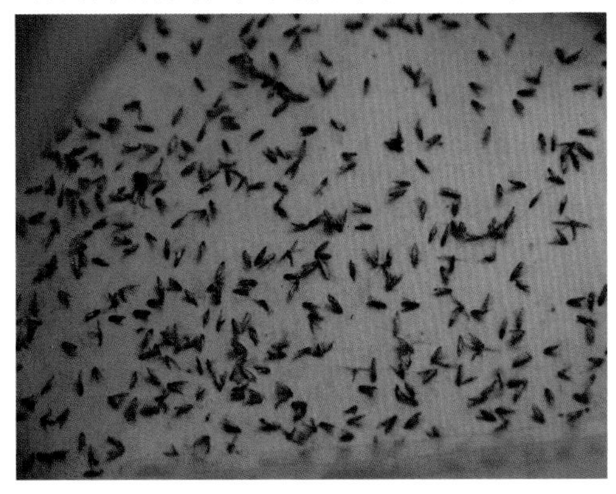

图 10.23 性诱剂诱到的金纹细蛾

卵：扁椭圆形，长约 0.3 mm，乳白色，半透明。

幼虫：老熟幼虫体长约 6 mm，扁纺锤形，幼龄时体淡黄色，老熟后变黄色，腹足 3 对。

蛹：长约 4 mm，黄褐色。翅、触角、第三对足先端裸露。

二、发生习性

金纹细蛾在通辽地区 1 年发生 4 代，以蛹在受害叶片内越冬。第 2 年苹果发芽时羽化为成虫，越冬代成虫从 4 月中旬开始出现，4 月下旬为发生盛期。第 1 代卵主要产在发芽早的品种和根蘖苗上，落花 70%～80%时是第 1 代幼虫孵化盛期。落花后 40 d 左右为第 2 代幼虫孵化盛期，以后约 35 d 左右一代。第 1 代幼虫发生高峰期在落花后，第 2 代幼虫发生高峰期在麦收前，第 3 代幼虫发生高峰期在 7 月中旬前后，第 4 代幼虫发生高峰期在 8 月下旬前后。第 1、2 代发生时间较整齐，是药剂防治的关键；以后各代世代重叠，高峰期不集中。

卵产于叶背，幼虫孵化后从卵与叶片接触处咬破卵壳，直接蛀入叶内危害，老熟后在虫斑内化蛹。成虫羽化时硧壳的一半外露。

三、危害特点

金纹细蛾以幼虫在表皮下潜食叶肉危害，使下表皮与叶肉分离。叶面呈现黄绿色至黄白色、椭圆形、筛网状虫斑，似玉米粒大小。叶背表皮皱缩鼓起，叶片向背面卷曲。虫斑内有黑色虫粪。严重时，一张叶片有十多个虫斑，可造成早期落叶。成虫羽化后飞出叶外，蛹壳一半留在羽化孔处（图 10.24）。

（a）叶面

（b）叶背

图 10.24　金纹细蛾危害状

四、监测调查

（一）越冬蛹量调查

1. 调查时间

越冬前，当落叶率达到50%左右时调查1次。

2. 调查方法

按5株/亩的取样量确定调查树株数，采用棋盘式抽样法固定调查树。调查树上按照东、西、南、北、中5个方位各选取20片树叶，共调查100片树叶，树下调查树冠下的落叶，随机抽查100片树叶，调查越冬蛹量，将结果填入表10.20。

表10.20 金纹细蛾越冬蛹量调查表

旗县： 调查地点： 树种（品种）：

调查日期： 调查人：

株号	调查叶片数/片	被害叶片数/片	虫蛹量/头	百叶虫蛹量/头	叶片被害率/%	备注

（二）成虫种群动态调查

1. 调查时间

苹果树萌芽期开始，1 d调查1次，至连续5 d诱蛾量为0时结束。

2. 调查方法

性诱剂种类为含人工合成金纹细蛾蛾性信息素的普通诱芯。诱捕器种类、设置、管理和数据记录同桃蛀果蛾。

（三）幼虫危害率调查

1. 调查时间

苹果树展叶开始，每5 d调查1次，至成虫发生结束后15 d结束。

2. 调查方法

按照5株/亩的取样量确定调查树数量，采用棋盘式抽样法固定调查树。每株树按东、西、南、北、中5个方位随机选取50片叶，共调查250片，调查有虫斑叶数、虫斑数及幼虫数量，计算虫叶率、百叶虫斑数、百叶虫量等，将结果填入表 10.21。

表 10.21　金纹细蛾越冬蛹量调查表

旗县：　　　　　　　调查地点：　　　　　　　　树种（品种）：

调查年度：　　　　　　　　　　　　　　　　　调查人：

调查日期（月/日）	株号	调查叶数/片	叶片被害率/%	活虫数/头	百叶活虫数/头	百叶虫斑数/个	备注

五、防治技术

（一）人工防治

落叶后至发芽前彻底清除树上、树下落叶，集中烧毁，并翻耕树下土壤，清除害虫越冬场所，消灭越冬虫蛹。

（二）性诱剂诱杀雄蛾

成虫发生期，在果园内设置性引诱剂诱捕器，诱杀成虫。连片果园须统一使用性诱剂，否则可能会加重受害。一般每亩设置诱捕器 2～3 个，性引诱剂诱芯每 1 个半月更换 1 次。

（三）药剂防治

药剂防治关键为喷药时期的选择。第 1 代幼虫防治时期为落花后立即喷药，第 2 代幼虫防治时期为落花后 40 d 左右喷药；3 代后因为幼虫发生不整齐，注意在幼虫集中发生初期喷药即可。也可利用性诱剂测报，出现蛾高峰后即为喷药防治关键期。一般每代幼虫发生期喷药 1 次即可。常用有效药剂有：25%灭幼脲悬浮剂 1 500～2 000 倍液、20%除虫脲悬浮剂 2 000～3 000 倍液、20%杀铃脲悬浮剂 3 000～4 000 倍液、240 g/L 甲氧虫酰肼悬浮剂 2 000～3 000 倍液、35%氯虫苯甲酰胺水分散粒剂 10 000～12 000 倍液、1.8%阿维菌素乳油 3 000～4 000 倍液、1%甲氨基阿维菌素苯甲酸盐乳油 3 000～4 000 倍液、25%杀虫洗水剂 600～800 倍液等。在药液中混加有机硅类等农药助剂，可显著提高杀虫效果。

第九节　绿盲蝽

绿盲蝽（*Apolygus lucorμm* Meyer-Dür.），属于半翅目（Hemiptera）、盲蝽科（Miridae），别名花叶虫、小臭虫等。在全国大部分地区均有发生，通辽主要分布于科尔沁区、开鲁县、科左中旗、科左后旗、奈曼旗、库伦旗，危害苹果、梨、枣、葡萄、桃、李、杏等果树。

一、形态特征

成虫：长卵圆形，长约 5 mm，宽约 2.5 mm，黄绿色或浅绿色；头部略呈三角形，黄绿色，复眼突出、黑褐色；触角 4 节，短于体长，第 2 节长为第 3、4 节长之和；前胸背板深绿色，有许多黑色小点，与头相连处有 1 个领状的脊棱；小盾片黄绿色，三角形；前翅基部革质，绿色，端部膜质，半透明，灰色；腹面绿色，由两侧向中央微隆起。

卵：长形稍弯曲，长约 1.4 mm，绿色，有瓶口状卵盖。

若虫：5 龄，与成虫体相似，绿色或黄绿色，单眼桃红色，3 龄后出现翅芽，翅芽端部黑色。

二、发生习性

绿盲春在通辽地区 1 年发生 4 代，以卵在果树枝条的芽鳞内及其他寄生植物上越冬。第 2 年果树发芽时开始孵化，初孵若虫在嫩芽及嫩叶上刺吸危害。约在 5 月上中旬出现第 1 代成虫，成虫寿命长，产卵期持续 35 d 左右。第 1 代发生相对整齐，第 2 代后世代重叠严重。第 1 代危害盛期在 5 月上旬左右，第 2 代危害盛期在 6 月上旬左右。苹果树上以第 1、2 代危害较重，第 3、4 代危害轻。若虫爬行迅速，稍受惊动立即逃逸，不易被发现。绿盲春主要危害幼嫩组织，叶片稍老化后即不再受害。绿盲蝽食性很杂，危害范围非常广泛，当果树嫩梢基本停止生长后，则转移到其他寄主植物危害。秋季，部分成虫又回到果树上产卵越冬。

三、危害特点

绿盲春主要以成虫和若虫刺吸幼嫩组织汁液进行危害，以叶片受害最重。嫩叶受害，首先出现许多深褐色小点，后变褐色至黄褐色，随叶片生长逐渐发展成破裂穿孔状，穿孔多不规则，严重时似“破叶窗”。幼果也可受害，在果面上形成以刺吸伤口为中心的近圆形灰白色斑块，影响果品质量（图 10.25～图 10.28）。

图 10.25　绿盲蝽若虫危害苹果树叶子

图 10.26　危害幼果的绿盲蝽若虫

图 10.27　绿盲蝽若虫危害梢

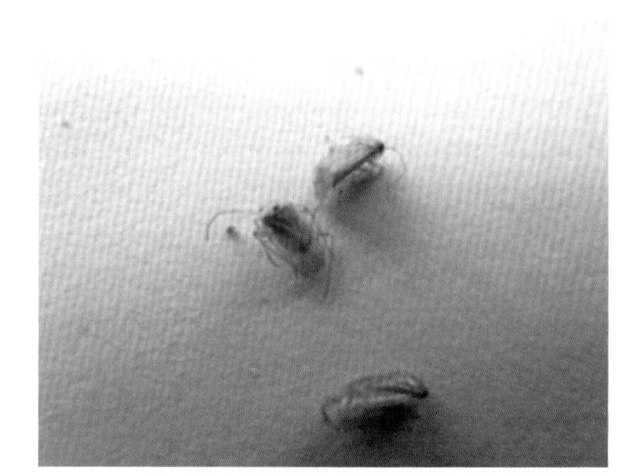

图 10.28　绿盲蝽成虫

四、监测调查

（一）越冬卵量调查

1. 调查时间

4 月上旬越冬卵即孵化时开始，每 5 d 调查一次，如遇降雨则在降雨后补加一次，连续调查一个月。

2. 调查方法

选择种植面积大于 10 亩的果园 3 块，每个果园根据 5 点取样法选择具代表性的 10 株果树，在每株果树按东、西、南、北、中五个方位，分别在树冠上部、中部和下部各随机取 1 m 长的 2 年生或多年生枝条（超过 1 m 的枝条以 1 m 长度作为标准枝条）进行调查。调查时用肉眼或手持式放大镜检查剪口、冬芽和树皮等部位是否有绿盲蝽越冬卵（图 10.29、图 10.30），并将发现的具有卵的部位取下带回实验室内，在体视显微镜下检测卵量和卵发育进度，将结果填入表 10.22，并计算第 n 株果树越冬卵密度（粒/100 枝）。绿盲蝽卵的分级及发育温度见表 10.23。

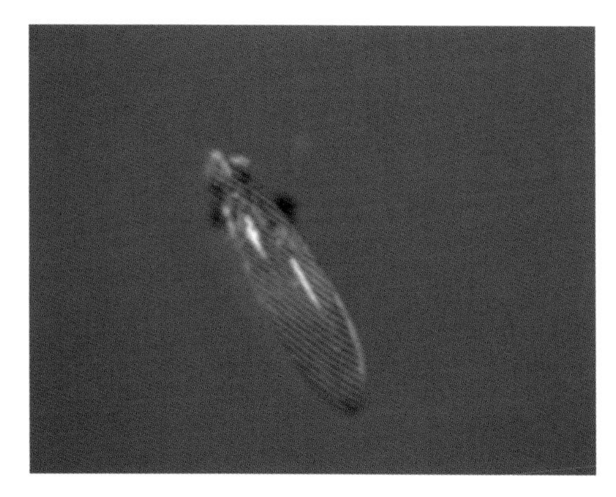

图 10.29 绿盲蝽在剪口处产的越冬卵　　图 10.30 绿盲蝽卵放大图

表 10.22 绿盲量蝽越冬卵量调查表

旗县：　　调查地点：　　树种（品种）：　　调查时间：　　调查人：

果园编号	果树种类及品种	取样株编号	取样方位	取样层	标准枝条数/枝	枝上卵量/粒	各发育级别卵的数量（粒）				百枝卵量（粒/100 枝）	备注
							一	二	三	四		

注：备注中注明发现卵的器官或部位，如剪口、芽或树皮等。

表 10.23 绿盲蝽卵的分级及发育温度

卵级	2～4 代			越冬代		特征
	卵期/d	气温/℃		卵期/d	均温/℃	
		平均	幅度			
一	2.23	23.91	22.10～26.72	140.95	7	卵初产乳白色，半透明，有光泽
二	2.23	23.91	22.10～26.72	28.4	12.05	卵淡黄色到鹅黄色，有 3～4 个不规则淡黄色圆斑，卵膨大接近卵盖外有隐约红丝
三	2.23	23.91	22.10～26.72	11.35	13.5	卵鹅黄色到橘色，卵盖膨大似水瓶盖，卵形弯曲，近卵盖处有 2 个红眼点
四	2.23	23.91	22.10～26.72	3.4	14.9	卵上半部褪色，下半部由暗灰色变黑色，眼点与卵盖之间距离拉长
全期	8.33			184.10		

（二）若虫虫量调查

1. 调查时间

4 月上旬到 7 月上旬，每 5 天调查 1 次。选择早晨调查。

2. 调查方法

选择种植面积大于 10 亩的果园 3 块，在果园内按“Z”字形取样方法选取 10 株果树，在每株果树树冠正下方铺一块白布（长 2 m×宽 1 m），用木棍适度敲打果枝震落绿盲蝽若虫，分别记录白布上各龄若虫头数，将结果填入表 10.24，并计算各龄期若虫的比例，按单位面积统计虫口密度（头/m^2）。

表 10.24　绿盲蝽若虫虫量调查表

旗县：　　调查地点：　　树种（品种）：　　调查年度：　　调查人：

果园编号	取样株编号	调查虫量/头	虫口密度/（头·m^{-2}）	各虫态虫量及占总虫量的比率										备注
				1 龄		2 龄		3 龄		4 龄		5 龄		
				头	%	头	%	头	%	头	%	头	%	

（三）成虫虫量调查

1. 调查时间

从 5 月上旬起至 10 月底止。

2. 调查方法

在成虫发生的场所（图 10.31），放置绿盲蝽诱捕器，集虫桶底部加入少量洗衣粉水。将诱捕器挂置在树冠外围枝条上距地面 1.5～2.0 m 高度的位置，每亩放置 1 套，果园内各方位均匀放置，每月更换一次绿盲蝽诱芯。每天统计 1 次诱捕到的成虫数量，并清理掉桶内虫体，将结果填入表 10.25。

图 10.31　绿盲蝽成虫

表 10.25 绿盲蝽成虫性诱剂诱测记录表

日期	地点	果园编号	果树种类/品种	虫量/（头·套$^{-1}$）	备注

五、防治技术

（一）人工防治

杂草是绿盲蝽越冬的重要场所之一。因此，发芽前彻底清除果园内杂草，集中烧毁或深埋，可有效减少绿盲蝽越冬虫量。发芽前，在树干上涂抹粘虫胶环，阻止绿盲蝽爬行上树及粘杀绿盲蝽若虫。

（二）药剂防治

1. 发芽前喷施铲除性药剂，杀灭越冬虫卵

结合其他害虫防治，在苹果发芽前全园喷施 1 次 3～5 波美度石硫合剂或 45%石硫合剂晶体 50～70 倍液，杀灭树上越冬虫卵。淋洗式喷雾效果较好。

2. 生长期及时喷药防治

花序分离期是喷药防治绿盲蝽的第一重点期，落花后 1 个月内是喷药防治绿盲蝽的第二重点期。具体喷药次数根据往年绿盲蝽发生危害轻重及当年嫩芽受害情况或园内虫量多少确定，一般果园开花前喷药 1 次、落花后喷药 1～2 次即可，间隔期 7～10 d。防治效果较好的药剂有：10%吡虫啉可湿性粉剂 1 200～1 500 倍液、10%吡虫啉水分散粒剂 8 000～10 000 倍液、350 克/升吡虫啉悬浮剂 5 000～6 000 倍液、5%啶虫脒乳油 2 000～2 500 倍液、25%吡蚜酮可湿性粉剂 2 000～2 500 倍液、4.5%高效氯氰菊酯乳油或水乳剂 1 500～2 000 倍液、22%氟啶虫胺腈悬浮剂 4 000～6 000 倍液、50%氟啶虫胺腈水分散粒剂、50%辛硫磷乳油 1500～2000 倍液、25%噻虫嗪水分散粒剂 5 000～10 000 倍液、1.8%阿维菌素乳油 1 500～2 000 倍液、1%苦参碱 1 000～1 500 倍液等。早、晚凉爽时喷药防控效果较好。

参考文献

[1] 许向利，花保祯. 桃蛀果蛾 *Carposina sasakii* 及其寄生蜂滞育后发育研究[J]. 环境昆虫学报，2009（4）：327-331.

[2] 陈汉杰，周增强. 苹果病虫害防治原色图谱[M]. 郑州：河南科学技术出版社，2012.
[3] 剂红彦. 果树病虫害诊治原色图鉴 [M]. 北京：中国农业科学技术出版社，2018.
[4] 王江柱，仇贵生. 苹果病虫害诊断与防治原色图鉴[M]. 北京：化学工业出版社，2013.
[5] 曹克强，王树桐，王勤英. 苹果病虫害绿色防控彩色图谱[M]. 北京：中国农业出版社，2017.
[6] 王江柱，徐建波. 苹果主要病虫草害防治实用技术指南[M]. 长沙：湖南科学出版社，2010.
[7] 姜远茂，仇贵生. 苹果化肥农药减量增效绿色生产技术[M]. 北京：中国农业出版社，2020.
[8] 王江柱，解金斗. 苹果高效栽培与病虫害看图防治[M]. 2 版. 北京：化学工业出版社，2019.
[9] 全国农业技术推广服务中心. 主要农作物病虫害测报技术规范应用手册[M]. 北京：中国农业出版社，2011.
[10] 全国农业技术推广服务中心. 农作物有害生物测报技术手册[M]. 北京：中国农业出版社，2008.
[11] 王江柱. 混配农药使用 第一部[M]. 北京：中国农业出版社，2021.
[12] 敖特根，常桐，陈晨. 塞外红苹果树梨小食心虫绿色防控技术要点[J]. 内蒙古林业，2020，43（5）：42-44.
[13] 敖特根，白苏拉，常桐，等. 通辽市塞外红苹果病虫害绿色防控技术要点[J]. 内蒙古林业调查设计，2020, 43（6）：45-47.
[14] 翟秀春，孙连娣，李仁贵，等. 开鲁县塞外红苹果绿色防控综合栽培技术初探[J]. 林业科技，2020，45（9）：39-40.
[15] 陈晨，翟秀春，马洪波. 开鲁县梨小食心虫发生情况及防治技术初探[J]. 林业科技，2020，45（5）：42-44.
[16] 陈晨. 塞外红苹果科学清园关键步骤[J]. 内蒙古林业调查科技，2020，43（6）：34-35，52.
[17] 陈晨，敖特根，翟秀春，等. 通辽市塞外红果园病虫害普查成果初报[J]. 林业科技，2021，46（2）：51-54.

第十一章 病 害

第一节 苹果腐烂病

苹果腐烂病，俗称烂皮病、臭皮病，主要分布于东北、西北以及华北东、中南、西南的部分苹果产区，在通辽市各地均有分布。

一、症状诊断

苹果腐烂病主要危害果树主枝干，也可危害侧枝、辅养枝及小枝，严重时还可侵害果实。主要症状为：受害部位皮层腐烂，腐烂皮层有酒糟味，后期病斑表面散生小黑点（分生孢子座），潮湿条件下小黑点上可冒出黄色丝状物（分生孢子角）。在枝干上，根据病斑发生症状分为溃疡和枯枝两种类型（图 11.1、图 11.2）。

图 11.1 溃疡型病斑

图 11.2 枝枯型病斑

（一）溃疡型

多发生在主干、主枝等较粗大的枝干上，以枝、干分叉处及修剪伤口处发病较多。发病初期，病斑红褐色，微隆起，水渍状，组织松软，并流出褐色汁液，病斑椭圆形或不规则形，有时呈深浅相间的不明显轮纹状。剥开病皮，整个皮层组织呈红褐色腐烂，并伴有浓烈的酒糟味。病斑出现 7～10 d 后，病部开始失水干缩、下陷，变为黑褐色，酒糟味变淡，有时边缘开裂。约半个月后，撕开病斑表皮，可见皮下聚有白色菌丝层及小黑点。发病后期，小黑点顶端逐渐突破表皮，在病斑表面呈散生状，潮湿时，小黑点上产生橘黄色卷曲的丝状物，俗称“冒黄丝”。当病斑绕枝干一周时，造成整个枝干枯死，严重时，导致死树甚至毁园。

（二）枝枯型

多发生在较细的枝条上，常造成枝条枯死。这类病斑扩展快，形状不规则，皮层腐烂迅速绕枝一周，导致枝条枯死，形成枯枝。有时枝枯病斑的栓皮易剥离。后期，病斑表面也可产生小黑点，并冒出黄丝。

果实受害，多为果枝发病后扩展到果实上所致。病斑红褐色，圆形或不规则形，常有同心轮纹，边缘清晰，病组织软烂，略有酒糟味。后期，病斑上也可产生小黑点及冒出黄丝，但较少见。

二、病原

苹果腐烂病是由弱寄生子囊菌苹果黑腐皮壳（*Valsa mali*=*V.ceratersperma*（Tode：Fr.）Maire.，无性型为 *Cytospora sacculus*（Schwein.）Gvrit.）引起的。该菌属子囊菌亚门真菌，分生孢子器生于病表皮下面的外子座中。分生孢子器黑色，器壁细胞扁平，褐至暗褐色，最内层无色。分生孢子梗无色，单胞，不分枝或分枝。分生孢子香蕉形，无色，单胞，两端钝圆。分生孢子萌发适温为 24～28 ℃，但在低温下也能萌发。菌丝发育最适温度为 28～32 ℃，最低为 5～10 ℃，最高为 37～38 ℃。

三、发生特点

苹果腐烂病是一种高等真菌性病害。病菌主要以菌丝、子座及孢子角在田间病株、病斑及病残体上越冬，属于苹果树上的习居菌。病斑上的越冬菌可产生大量病菌孢子（黄色丝状物），主要通过风雨传播，从各种伤口侵染危害，尤其是带有死亡或衰弱组织的伤口易受侵害，如剪口、锯口、虫伤、冻伤、日灼伤及愈合不良的伤口等。病菌侵染后，当树势强壮时处于潜伏状态，病菌在无病枝干上潜伏的主要场所有落皮层、干枯的剪口、干枯的锯口、愈合不良的各种伤口，僵芽周围及虫伤、冻伤、枝干夹角等带有死亡或衰弱组织的部位。当树体抗病力降低时，潜伏病菌开始扩展危害，逐渐形成病斑。

在果园内，苹果腐烂病每年有两个发生危害高峰期，即春季高峰期和秋季高峰期。春季高峰期主要发生在萌芽至开花阶段，该期内病斑扩展迅速，病组织较软，病斑典型，危害严重，病斑扩展量占全年的 70%～80%，新病斑出现数占全年新病斑总数的 60%～70%，是造成死枝、死树的重要危害时期。秋季高峰期主要发生在果实迅速膨大期及花芽分化期，相对春季高峰期危害较小，病斑扩展量占全年的 10%～20%，新病斑出现数占全年的 20%～30%，但该期是病菌侵染落皮层的重要时期。

四、发生轻重主要影响因素

（一）树势

树势衰弱是诱发腐烂的最重要因素之一，即一切可以削弱树势的因素均可加重苹果腐烂病的发生，如树龄较大、结果量过多、发生冻害、早期落叶病发生较重、速效化肥使用量偏多等。

（二）落皮层

落皮层是病菌潜伏的主要场所，是造成枝干发病的重要桥梁。据调查，8 月份以后枝干上出现的新病斑或坏死斑点 80%以上来自于落皮层侵染，尤其是粘连于皮层的落皮层。所以落皮层的多少决定腐烂病发生的轻重。

（三）伤口

伤口越多，发病越重，带有死亡或衰弱组织的伤口最易感染苹果腐烂病，如干缩的剪口、干缩的锯口、冻害伤口、落皮伤口、老病斑伤口等。

（四）潜伏浸染

潜伏浸染是苹果腐烂病的一个重要特征，树势衰弱时，潜伏侵染病菌是导致腐烂病爆发的主要因素。

（五）木质部带菌

病斑下木质部及病斑皮层边缘外木质部的一定范围内均带有腐烂病菌，这是导致病斑复发的主要原因。

（六）树体含水量

初冬树体含水量高，易发生冻害，加重苹果腐烂病发生；早春树体含水量高，抑制病斑扩展，可减轻苹果腐烂病发生。

五、测报调查

（一）调查方法及内容

1. 调查时间

每年 4 月份及 11 月份分别调查 2 次。

2. 调查方法

选择代表性的，面积不小于 5 亩，树龄在 5 年以下、5～10 年、10 年以上的苹果园各 1 个，以棋盘式十点取样，每点选取苹果树 10 株，即每园调查 100 株。

3. 调查内容

统计各园苹果树苹果腐烂病的发生情况，将结果填入表 11.1。

发病株率计算：新生病斑指在枝干树皮新发生的病斑。重犯病斑指在旧病斑旁边复发的病斑。旧病斑指一年前已发生的当年未重犯的老病斑。

表 11.1　苹果腐烂病发生情况表

旗县：　　　　　　　　调查地点：　　　　　　　　树种（品种）：

年度：　　　　　　　　调查人：

调查日期（月/日）	果园编号	树龄	调查株数/株	发病株数/株	发病率/%	总病斑数/个	其中		各级病斑数/个						病情指数
							新生病斑数/个	重犯病斑数/个	0 级	1 级	2 级	3 级	4 级	平均数	

（二）苹果腐烂病严重度分级标准

0 级：枝干无病斑；

1 级：树体有几块小病斑，或 1～2 个较大病斑（直径 15 cm 左右），枝干齐全，对树势无明显影响；

2 级：树体有多块小病斑，或在粗大部位有 3～4 块较大病斑，枝干基本齐全，对树势有较小影响；

3 级：树体病斑较多，或粗大枝干有几块较大病斑（直径 20 cm 以上），已锯除 1～2 个主枝或中心干，树势和产量已受到明显影响；

4 级：树体遍布病斑，或粗大枝干的病斑较多或很大，枝干残缺不全，树势极度衰弱，以致枯死。

（三）苹果腐烂病发生程度级别划分

1 级：发病株率＜5%；

2 级：发病株率 5%～10%；

3 级：发病株率 11%～25%；

4 级：发病株率 26%～40%；

5 级：发病株率＞40%。

六、防治技术

防治以壮树防病为中心，以铲除树体潜伏病菌为重点，结合以及时治疗病斑、减少和保护伤口、促进树势恢复等为基础（图 11.3～11.10）。

图 11.3 苹果腐烂病病斑

图 11.4 苹果腐烂病新出病斑

图 11.5 重犯病斑

图 11.6 治愈病斑

图 11.7　刮治苹果腐烂病

图 11.8　桥接治疗

图 11.9　涂药治疗

图 11.10　树干涂白

（一）栽培管理

加强栽培管理，提高树体的抗病能力。科学结果量、科学施肥（增施有机肥及农家肥，避免偏施氮肥，按比例施用氮、磷、钾、钙等速效化肥）、科学灌水（秋后控制浇水，减少冻害发生；春季及时灌水，抑制春季高峰）及保叶促根，以增强树势、提高树体能力，是防治苹果腐烂病的最根本措施。

（二）病菌清除

铲除树体带菌，减少潜伏侵染。落皮层、皮下干斑及湿润坏死斑、病斑周围的干斑、树杈夹角皮下的褐色坏死点、各种伤口周围等，都是苹果腐烂病菌潜伏的主要场所。及早铲除这些潜伏病菌，对控制苹果腐烂病发生危害效果显著。

（三）药剂防治

重病果园 1 年 2 次用药，即初冬落叶后和萌芽前各 1 次；轻病果园，只一次用药即可，一般落叶后比萌芽前喷药效果好。对苹果腐烂病菌铲除效果好的药剂有：30%戊唑·多菌灵悬浮剂 400～600 倍液、77%硫酸铜钙可湿性粉剂 200～300 倍液、60%铜钙·多菌灵可湿性粉剂 300～400 倍液、45%代森铵水剂 200～300 倍液等。喷药时，若在药液中加入有机硅系列等渗透助剂，可显著提高对病菌的铲除效果。

（四）病斑治疗

病斑治疗是避免死枝、死树的主要措施，目前生产上常用治疗方法主要有刮治法、割治法和包泥法。病斑治疗的最佳时间为春季高峰期内，该阶段病斑即软又明显，易于操作，但总体而言，应立足于及时发现、及时治疗，治早、治小。

1. 刮治法

用锋利的刮刀将病变皮层彻底刮掉，且病斑边缘还要刮除 1 cm 左右健康组织，以确保彻底刮除。刮后病组织集中销毁，然后病斑涂药，药剂边缘应超出病斑边缘 1.5～2 cm，1 个月后再补涂 1 次。常用有效涂抹药剂有：2.12%腐植酸铜水剂原液、21%过氧乙酸水剂 3～5 倍液、30%戊唑·多菌灵悬浮剂 100～150 倍液、甲托油膏（70%甲基托布津可湿性粉剂：植物油=1∶（15～20））及石硫合剂等。

2. 割治法

即用切割病斑的方法进行治疗。先削去病斑周围表皮，找到病斑边缘，然后用刀沿边缘外 1 cm 处划一深达木质部的闭合刀口，再在病斑上纵向切割，间距 0.5 cm 左右。切割后病斑涂药，但必须涂抹渗透性或内吸性较强的药剂，且药剂边缘应超出闭合刀口边缘 1.5～2 cm。半月左右后再涂抹 1 次。效果较好的药剂有上述的腐植酸铜、过氧乙酸、戊唑·多菌灵、甲托油膏等。

3. 包泥法

在树下取土和泥，然后在病斑上涂 3～5 cm 厚一层，外围超出病斑边缘 4～5 cm，最后用塑料布包扎并用绳捆紧即可。一般 3～4 个月后就可治好。包泥法的技术关键：泥要黏，包要严。

4. 桥接

病斑治疗后及时桥接或脚接，促进树势恢复。

（五）其他措施

入冬前树干涂白，防止发生冻害，降低春季树体局部增温效应，控制苹果腐烂病春季高峰期的危害。效果好的涂白剂配方为：桐油或酚醛∶水玻璃∶白土∶水=1∶（2～3）∶（2～3）∶（3～5）。先将前两种试剂配成Ⅰ液，再将后两种试剂配成Ⅱ液，然后将Ⅱ液倒入Ⅰ液中，边倒边搅拌，混合均匀即成。

第二节　苹果轮纹病

苹果轮纹病，又名粗皮病、轮纹烂病，分布在我国各苹果产区，以华北、东北、华东果区为重，通辽市主要分布于科尔沁区、开鲁县、科左中旗、科左后旗、奈曼旗、库伦旗。

一、症状诊断

主要危害枝干和果实，有时也危害叶片。病菌侵染枝干，多以皮孔为中心，初期出现水渍状的暗褐色小斑点，逐渐扩大形成圆形或近圆形褐色瘤状物。病部与健部之间有较深的裂纹，后期病组织干枯并翘起，中央凸起处周围出现散生的黑色小粒点。在主干和主枝上瘤状病斑发生严重时，病部树皮粗糙，呈粗皮状。后期常扩展到木质部，阻断枝干树皮上下水分、养分的输导和储存，严重削弱树势，造成枝条枯死，甚至死树、毁园的现象。果实进入成熟期陆续发病，发病初期在果面上以皮孔为中心出现圆形、黑色至黑褐色小斑，逐渐扩大成轮纹病斑。略微凹陷，有的短时间周围有红晕，下面浅层果肉稍微变褐、湿腐。后期外表渗出黄褐色黏液，烂得快，腐烂时果形不变。整个果烂完后，表面长出粒状小黑点，散状排列，后期失水变成黑色僵果（图 11.11～11.13）。

图 11.11 田间发病

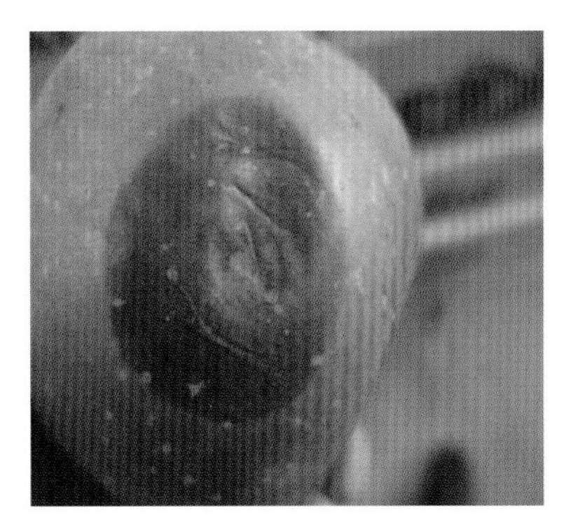

图 11.12 储藏期发病

(a) 枝干轮纹病

(b) 轮纹病孢子检测方法

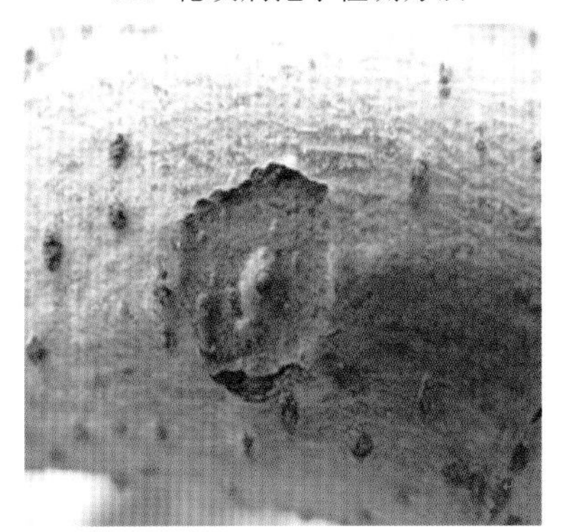

(c) 越冬态

图 11.13 枝干轮纹病症状

二、病原

苹果轮纹病菌（*Botryosphaeria dothidea*）属于子囊菌亚门。子囊壳在寄主表皮下产生，黑褐色，球形或扁球形，具孔口。子囊长棍棒状，无色，顶端膨大，壁厚透明，基部较窄。子囊孢子单细胞，无色，椭圆形。分生孢子器扁圆形或椭圆形，具有乳头状孔口，内壁密生分生孢子梗。分生孢子梗棍棒状，单细胞，顶端着生分生孢子。分生孢子单细胞，无色，纺锤形或长椭圆形。病菌生育温度为 7～36 ℃，最适宜温度为 27 ℃；pH 为 4.4～9.0，最适宜 pH 为 5.5～6.6。病菌孢子萌发温度范围为 15～30 ℃，最适宜为 27～28 ℃，在清水中即可发芽。

三、发生特点

病菌以菌丝体、分生孢子器在病组织内越冬，是初次侵染和再侵染的主要菌源。病菌于春季开始活动，随风雨传播到枝条和果实上。在果实生长期，病菌均能侵入，其中，从落花后的幼果期到 8 月上旬侵染最多。侵染枝条病菌，一般从 8 月开始以皮孔为中心形成新病斑，第 2 年病斑继续扩大。树冠外围的果实及光照好的山坡地果园，果实发病早；树冠内膛果，光照不好的果园，果实发病相对晚。气温高于 20 ℃，相对湿度高于 75% 或连续降雨，雨量达 10 mm 以上时，有利于病菌繁殖和田间孢子大量散布及侵入，病害严重发生。山间窝风、空气湿度、夜间易结露的果园，较坡地向阳、通风透光好的果园发病多；新建果园在病重老果园的下风向，离得越近，发病越多。果园管理差，树势衰弱，在重黏壤土和红黏土偏酸性土壤上的植株易发病，被害严重的枝干或果实发病重。

四、测报调查

（一）枝干病瘤调查

1. 调查时间

3 月上、中旬。

2. 调查方法

选择代表性的果园 3～5 个，采用双对角线 5 点取样，每点 1 株，每园共选 5 株树。每株树按东、南、西、北四个方向在 3～6 年生枝干上从上往下标定 50 cm 长的枝干 4 段，测量枝干的表面积。调查轮纹病瘤数量，并分级记载（见病瘤分级标准），将结果填入表 11.2。

表 11.2　苹果轮纹病病瘤调查表

旗县：　　　　调查地点：　　　　树种：

年度：　　　　调查人：

日期 月/日	株号	树龄	枝干 面积	各级病瘤数/个						病瘤 总数 /个	平均部位 面积病瘤 /（个·$100\ cm^{-2}$）	备注
				0	1	3	5	7	9			

3. 枝干病瘤分级标准

0 级：无病瘤；

1 级：枝干平均 100 cm^2 有病瘤 1～4 个；

3 级：枝干平均 100 cm^2 有病瘤 5～8 个；

5 级：枝干平均 100 cm^2 有病瘤 9～12 个；

7 级：枝干平均 100 cm^2 有病瘤 13～16 个；

9 级：枝干平均 100 cm^2 有病瘤 16 个以上。

（二）果园中空中孢子捕捉调查

1. 调查时间

谢花后开始至果实采收时为止。

2. 调查方法

在感病品种树冠内设一孢子捕捉器，根据需要可自制四面装上涂有凡士林的载玻片，每 5 天更换 1 次载玻片，取回室内镜检。镜检时，可采取 5 点取样法记载所捕获的轮纹病孢子量，将结果填入表 11.3。

全玻片孢子数＝5 行（7.5 cm 长边）的孢子数×玻片宽边（2.5 cm）所容纳的视野数/5

平均单位面积孢子数=所检查玻片的孢子数/18.75×检查玻片数

每张玻片的面积=7.5 cm×2.5 cm=18.75 cm^2

表 11.3 苹果轮纹病孢子捕捉记录表

旗县： 调查地点： 树种：

年度： 调查人：

日期	所捕获的孢子量/个					平均单位面积孢子数/（个·cm^{-2}）	气象要素			备注
	东	南	西	北	合计		温度/℃	降水量/mm	其他	

（三）田间果实发病盛期病情调查

1. 调查时间

在果实收获前 10 d，调查 1 次。

2. 调查方法

选取上年发生重的果园2～3个，采用双对角线五点取样，每点1株，每园共选5株树。每株树按东、南、西、北、中五个方位随机调查100个果实，并分级（见分级标准）填入表11.4。

表11.4 苹果轮纹病果实病害发生情况调查表

旗县： 调查地点： 树种（品种）：

年度： 调查人：

调查日期（月/日）	株号	调查总果数/个	病果数/个	病果率/%	各级病斑数/个						病情指数
					0	1	3	5	7	9	

3. 果实病情严重度分级标准

0级：无病；

1级：病斑1个，病斑直径在1.0 cm以内；

3级：病斑2～3个，最大病斑直径在1.1～2.0 cm；

5级：病斑4～5个，最大病斑直径在2.1～4.0 cm；

7级：病斑6～7个，最大病斑直径在4.1～6.0 cm；

9级：病斑7个以上，最大病斑直径超过6.0 cm。

4. 发生程度分级标准

1级：1%＜病果率≤5%；

2级：5%＜病果率≤10%；

3级：10%＜病果率≤15%；

4级：10%＜病果率≤20%；

5级：病果率＞20%。

五、防治技术

苹果轮纹病既侵染枝干，又侵染果实，就其损失而言重点是果实受害，但枝干发病与果实发病关系极为密切，在防治中要兼顾枝干轮纹病的防治。

（一）栽培管理

加强栽培管理，彻底剪除树上各种枯死枝、破伤枝，不要使用修剪下来的带皮枝段作为支棍，发芽前及时刮除干、主枝上的轮纹病瘤及干腐病斑。增施农家肥、粗肥等有机肥，按比例施用氮、磷、钾、钙肥。合理控制结果量、科学灌水、尽量少环剥或不环剥。新梢停止生长后及时叶面喷肥（尿素 300 倍液+磷酸二氢钾 300 倍液），加强树势，提高树体抗病能力。

（二）刮治

发芽前，刮治枝干病瘤，集中销毁病残组织。刮治轮纹病瘤时，应轻刮，只把表面硬皮刮破即可，然后涂药，杀灭残余病菌。效果较好的药剂有：70%甲基托布津可湿性粉剂:植物油=1：（20～25）、30%戊唑·多菌灵悬浮剂 100～150 倍液、60%铜钙·多菌灵可湿性粉剂 100～150 倍液等。需要注意，甲基托布津必须使用纯品，不能使用复配剂，以免发生药害，导致死树；树势衰弱时，刮病瘤后不建议涂 70%甲基托布津可湿性粉剂。

（三）药剂防治

1. 萌芽前

全园喷施 1 次铲除性药剂，铲除树体残余病菌，并保护枝干免遭病菌侵害。常用有效药剂有：30%戊唑·多菌灵悬浮剂 400～600 倍液、60%铜钙·多菌灵可湿性粉剂 300～400 倍液、77%硫酸铜钙可湿性粉剂 300～400 倍液、45%代森铵水剂 200～300 倍液等。喷药时，若在药液中加入有机硅系列等渗透助剂，效果更好；刮除病斑后再喷药，效果更佳。

2. 生长期

从苹果落花后 7～10 d 开始喷药，到果实套袋或果实皮孔封闭后（不套袋果实）结束，不套袋苹果喷药时期一般为 4 月底或 5 月初到 8 月底或 9 月上旬。具体喷药时间需根据降雨情况而定，尽量在雨前喷药，雨多多喷，雨少少喷，无雨不喷，若雨前没能喷药，雨后应及时喷施治疗性杀菌剂加保护性药剂，以进行补救。套袋苹果一般需要喷药 3～4 次（落花后至套袋前），不套袋苹果一般需喷药 8～12 次。选用耐雨水冲刷药剂效果最好。根据苹果生长特点与生产优质苹果的要求，药剂防治可分为两个阶段（套袋苹果只有第一阶段）。

（1）第一阶段。

落花后 7～10 d 至套袋前或麦收前（约落花后 6 周）。该阶段是幼虫敏感期，用药不当极易造成药害（果锈、果面粗糙等），因此必须选用优质安全有效药剂，每 10 d 左右喷药 1 次，需连喷 3～4 次。常用安全药剂有：30%戊唑·多菌灵悬浮剂 1 000～1 200 倍液、

70%甲基托布津可湿性粉剂800～1 000倍液、500 g/L甲基托布津悬浮剂800～1 000倍液、500 g/L悬多菌灵悬浮剂800～1 000倍液、10%苯醚甲环唑水分散粒剂1 500～2 000倍液、80%全络合态代森锰锌可湿性粉剂800～1 000倍液、50%克菌丹可湿性粉剂600～800倍液或50%多菌灵可湿性粉剂等。代森锰锌选用全络合态产品，多菌灵选择纯品制剂，以免造成药害。

（2）第二阶段。

麦收后（或落花后6周）至果实皮孔封闭。每10～15 d喷药1次，该期一般应喷药5～8次。常用有效药剂除上述药剂外，还可选用90%三乙膦酸铝可溶性粉剂600～800倍液、25%戊唑醇水乳剂2 000～2 500倍液、50%锰锌·多菌灵可湿性粉剂600～800倍液等。不建议使用铜制剂及波尔多液，以免造成药害或污染果面。

3. 烂果急救措施

前期喷药不当后期开始烂果时，及时喷用内吸性药剂急救，每7 d左右喷药1次，直到果实采收。效果较好的药剂或配方有：30%戊唑·多菌灵悬浮剂600～800倍液、70%甲基托布津可湿性粉剂或500 g/L甲基托布津悬浮剂800～1 000倍液+90%三乙膦酸铝可溶性粉剂600倍液等。急救措施只能控制病害暂时停止发生，并不能根除潜伏病菌。

（四）果实套袋

果实套袋是防止果实轮纹病菌中后期侵染果实的最经济、最有效的方法，果实套袋后可减少喷药5～8次。常用果袋有塑膜袋和纸袋两种，套用纸袋生产出的苹果质量较好。套袋前5～7 d须喷施1次优质安全有效药剂。

（五）安全贮藏

低温贮藏，可基本控制果实轮纹病的发生。如0～2 ℃贮藏可以充分控制发病，5 ℃贮藏基本不发病。另外，药剂浸果、晾干后贮藏，即使在常温下也可显著降低果实发病。30%戊唑·多菌灵悬浮剂500～600倍液、70%甲基托布津可湿性粉剂或500 g/L甲基托布津悬浮剂500～600倍液与90%三乙膦酸铝可溶性粉剂500倍液混用浸果效果较好，一般浸果1～2 min即可。

第三节　苹果斑点落叶病

苹果斑点落叶病，又名褐纹病，在我国苹果产区都有发生，以渤海湾和黄河故道地区受害较重。通辽市主要分布于科尔沁区、开鲁县、科左中旗、科左后旗、奈曼旗、库伦旗。

一、症状诊断

苹果斑点落叶病主要危害叶片，也可危害果实和 1 年生枝条。叶片受害，主要发生在嫩叶阶段，初期形成褐色贺圆形小斑点，直径 2～3 mm；后逐渐扩大成褐色至红褐色病斑，直径 6～10 mm 或更大，边缘紫褐色，近圆形或不规则形，有时病斑呈同心轮纹状；严重时，病斑扩展连合形成不规则形大斑，并常造成早期落叶。湿度大时，病斑表面可产生墨绿色至黑色霉状物。叶柄也可受害，形成褐色长条形病斑，易造成叶片脱落。果实受害，多形成褐色至黑褐色圆形凹陷病斑，直径多为 2～3 mm，不造成果实腐烂。枝条受害，多发生在 1 年生枝上，形成灰褐色至褐色凹陷坏死病斑，直径 2～6 mm，后期边缘常开裂。

二、病原

苹果斑点落叶病是由链格孢属苹果专化型（*Alternaria alternata* apple pathotype）病菌侵染而引起的气传病害。这种病菌属半知菌亚门真菌，分生孢子梗由气孔伸出，成束，暗褐色，弯曲多胞。分生孢子顶生，短棍棒形，暗褐色，具横隔 2～5 个，纵隔 1～3 个，有短柄。病菌在 5 ℃以下和 35 ℃以上的条件下，生长缓慢，其生长适宜温度为 25～30 ℃，病菌孢子在清水中发芽良好，在 20～30 ℃温度下，叶片上有 5 h 以上水膜，即可完成侵染。

三、发生特点

苹果斑点落叶病是一种高等真菌性病害，病菌对苹果叶片具有很强的致病力，叶片上具有 3～5 个病斑时即可引起病叶脱落。该病菌主要以菌丝体在落叶及枝条上越冬，第 2 年产生病菌孢子，随气流及风雨传播，直接或从气孔侵染叶片进行危害。潜伏期很短，1～2 d 后即可发病，再侵染次数多，流行性很强。每年有春梢期（5 月初至 6 月中旬）和秋梢期（8～9 月份）两次危害高峰，防治不当时有可能造成两次大量落叶（图 11.14）。

苹果斑点落叶病的发生轻重主要与降雨量和品种关系密切，高温多雨时有利于病害发生，春季干旱年份病害始发期推迟，夏季降雨多发病重。另外，有黄叶病的叶片容易受害。元帅系品种最易感病。此外，树势衰弱、通风透光不良、地势低洼、地下水位高、枝细叶嫩等果树均易发病。

图 11.14　苹果斑点落叶病

四、测报调查

（一）系统调查

1. 调查时间

从苹果展叶开始至秋梢停长期结束，最后 1 次调查数据作为来年长期预报基数。

2. 调查方法

选上年发生重的果园 2～3 个，采用双对角线 5 点取样，每点标记 1 株苹果树共 5 株，每株分东、西、南、北 4 个方向取 4 个新梢，自上而下调查 10 片叶和新梢，共计 200 片叶和 20 个新梢，每 5 d 调查 1 次，记录病叶数及严重程度，将结果填入表 11.5。

表 11.5　苹果斑点落叶病田间系统观察记录表

旗县：　　　　调查地点：　　　　树种（品种）：

年度：　　　　调查人：

调查日期（月/日）	总叶数/片	病叶数/片	病叶率/%	调查枝条/个	病枝条数/个	各级病斑数/个						病情指数
						0	1	3	5	7	9	

（二）普查

在发病盛期，选有代表性的果园 5～10 个，采用双对角线 5 点取样，每点标记 1 株苹果树共 5 株，每株分东、西、南、北 4 个方向取 4 个新梢，自上而下调查 10 片叶和新梢，共计 200 片叶和 20 个新梢，记录病叶数及病枝条数，将结果填入表 11.6。

表 11.6 苹果落叶病普查记录表

旗县： 调查地点： 树种：

年度： 调查人：

日期（月/日）	调查总叶数/片	病叶数/片	病叶率/%	病情指数	调查枝条数/个	病枝条数/个	病枝条率/%	备注

（三）预测预报

在苹果春梢和秋梢速长期，根据调查的病情和气象条件分别发出苹果斑点落叶病的中、短期预报。

1. 病情严重程度分 6 级

0 级：无病斑；

1 级：病斑面积占整个叶面积的 10%以下；

3 级：病斑面积占整个叶面积的 11～25%；

5 级：病斑面积占整个叶面积的 26～40%；

7 级：病斑面积占整个叶面积的 41～65%；

9 级：病斑面积占整个叶面积的 66%以上。

2. 病害发生程度分级标准

1 级：5%＜病叶率≤10%；

2 级：10%＜病叶率≤20%；

3 级：20%＜病叶率≤30%；

4 级：30%＜病叶率≤40%；

5 级：病叶率＞40%。

五、防治技术

苹果斑点落叶病的防治关键是在搞好果园管理的基础上立足于早期药剂防治。春梢期防治病菌侵染，减少园内菌量；秋梢期防治病害扩散蔓延，避免造成早期落叶。

（一）栽培管理

加强果园栽培管理，结合冬剪，彻底剪除病枝。落叶后至发芽前彻底清除落叶，集中烧毁，消灭病菌越冬场所。合理修剪，及时剪除夏季徒长枝，使树冠通风透光，降低园内小气候环境湿度。地势低洼、水位高的果园要注意排水。科学施肥，增强树势，提高树体抗病能力。

（二）药剂防治

药剂防治是有效控制苹果斑点落叶病危害的主要措施。关键要抓住两个危害高峰期，春梢期从落花后即开始喷药（严重地区花序呈铃铛球期喷第 1 次药），每 10 d 左右喷 1 次，需喷药 3 次左右；秋梢期根据降雨情况在雨季及时喷药保护，一般喷药 2 次左右即可有效控制。雨前喷药效果较好。

常用药剂：30%戊唑·多菌灵悬浮剂 1 000～1 200 倍液、10%多抗霉素可湿性粉剂 1 000～1 500 倍液、1.5%多抗霉素可湿性粉剂 300～400 倍液、25%戊唑醇水乳剂 2 000～2 500 倍液、80%代森锰锌可湿性粉剂 800～1 000 倍液、45%异菌脲悬浮剂 1 000～1 500 倍液、10%苯醚甲环唑水分散粒剂 1 000～1 500 倍液、50%异菌脲可湿性粉剂 1 000～1 200 倍液、50%醚菌酯水分散粒剂 3 000～4 000 倍液、75%异菌·多·锰锌可湿性粉剂 600～800 倍液等。

第四节　苹果褐斑病

苹果褐斑病，又名绿缘褐斑病，由苹果双壳菌侵染所引起的一种病害，全国各苹果产区均有发生，在通辽市各地均有分布。

一、症状诊断

苹果褐斑病主要危害叶片，造成早期落叶，有时也可危害果实。叶片发病后的主要症状特点是：病斑中部褐色，边缘绿色，外围变黄，病斑上产生许多小黑点，病叶极易脱落。苹果褐斑病在叶片上的症状特点可分为针芒型、同心轮纹型和混合型三种类型（图 11.15、图 11.16）。

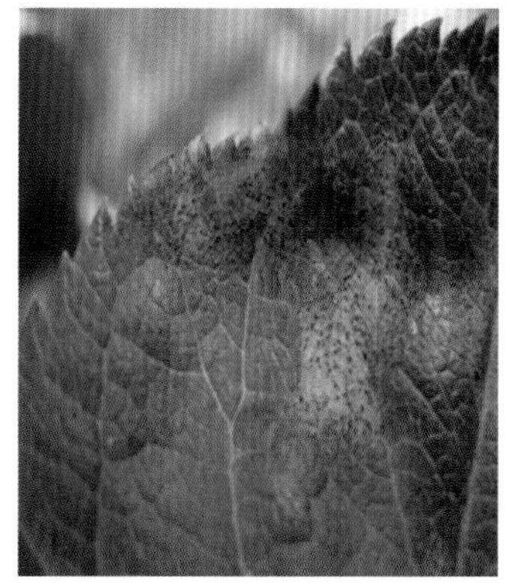

图 11.15　苹果褐斑病同心轮纹型病斑

图 11.16　苹果褐斑病混合型病斑

（一）针芒型

病斑小，数量多，呈针芒放射状向外扩展，没有明显边缘，无固定形状，小黑点呈放射状排列或排列不规则。

（二）同心轮纹型

病斑近圆形，较大，直径多 6～12 mm，边缘清楚，病斑上小黑点排列成近轮纹状。

（三）混合型

病斑大，近圆形或不规则形，中部小黑点呈近轮纹状排列或散生，边缘有放射状褐色条纹或放射状排列的小黑点。

果实多在近成熟期受害，病斑圆形，褐色至黑褐色，直径 6～12 mm，中部凹陷，表面散生小黑点，仅果实表层及浅层果肉受害，病果肉呈褐色海绵状干腐，有时病斑表面发生开裂。

二、病原

病原在有性态称苹果双壳菌（*Diplocarpon mali* Harada et Sawamura），属于子囊菌门真菌；无性世代称苹果盘二孢菌（*Marssonina mali* (P.Henn.)Ito.），属于半知菌类真菌。分生孢子盘初埋生于表皮下，后突破表皮外露。分生孢子梗无色、单生、圆柱形，栅栏状排列，无色、双胞、中间缢缩，上胞大且圆，下胞小而尖，呈葫芦状。分生孢子萌发适温 20～25 ℃。病菌在致病过程中，能分泌毒素，使病叶发黄，叶柄基部形成离层，发生脱落。

三、发生特点

苹果褐斑病是一种高等真菌性病害，病菌主要以菌丝体在病落叶中越冬。第 2 年越冬病菌产生大量病菌孢子，通过风雨（雨滴反溅最为重要）传播，直接侵染叶片危害。

树冠下部和内膛叶片最先发病，然后逐渐向上及外围蔓延。该病潜育期短，一般为 6～12 d（随气温高潜育期缩短），在果园内有多次再侵染。苹果褐斑病发生轻重，主要取决于降雨量，尤其是 5～6 月份的降雨情况，雨多、雨早病重，干旱年份病轻。另外，弱树、弱枝病重，壮树病轻；树冠郁蔽病重，通风透光病轻，管理粗放果园病害发生早而重。6 月上中旬开始发病，7～9 月份为发病盛期。降雨多、防治不及时，7 月中下旬即开始落叶，8 月中旬即可落去大半，8 月下旬至 9 月初叶片落光，导致树体发二次芽、长二次叶（图 11.17）。

图 11.17　苹果褐斑病早期落叶后二次发芽

四、测报调查

（一）系统调查

1. 调查时间

在苹果落花之后至采收前，每 5 d 调查 1 次。

2. 调查方法

选择代表性果园 3～5 个，按 5 点取样在果园中选取 5 株树，在每株树的东、西、南、北、中 5 个方位随机调查 200 片叶，分级填入表 11.7。

（二）田间发病情况普查

1. 调查时间

5 月下旬、7 月上旬、8 月上旬、9 月上旬各调查一次共 4 次。

2. 调查方法

依据当地的自然环境，确立具有一定代表性的不同生态类型果园，每个生态类型选择易感病品种、中感病品种和抗病品种三种类型果园各 3～5 个，每果园面积不应小于 5 亩，每园随机调查 3～5 株树。调查方法与系统调查基本一致，将结果填入表 11.7。

表 11.7　苹果褐斑病田间系统观察记录表

旗县：　　　　　　　　　　　　调查地点 ：　　　　　　　　　　树种（品种）：

年度：　　　　　　　　　　　　　　　　　　　　　　　　　　　调查人：

日期（月/日）	发育期	总叶数/片	病叶数/片	病叶率/%	严重度					病情指数	备注
					0 级	1 级	2 级	3 级	4 级		

（三）预测预报

苹果褐斑病发生程度，主要取决于 5～8 月份的降雨量。一般上年发生重，若当年 5～8 月降雨多，分布均匀，温度适宜，苹果褐斑病将大面积流行。

1. 严重程度分级标准

0 级：无病斑；

1 级：叶片上病斑占叶面积的 10%以下；

2 级：叶片上病斑占叶面积的 1%～25%；

3 级：叶片上病斑占叶面积的 26%～40%；

4 级：叶片上病斑占叶面积的 40%以上。

2. 危害程度分级标准

1 级：平均病叶率≤5%；

2 级：平均病叶率 6%～10%；

3 级：平均病叶率 11%～20%；

4 级：平均病叶率 21%～30%；

5 级：平均病叶率≥31%。

五、防治技术

褐斑病防治以彻底清除落叶、加强栽培管理、增强树势为中心，及时早期合理喷药防治为重点。

（一）搞好果园卫生

落叶后发芽前，先树上、后树下彻底清除病落叶，集中深埋或销毁，并在发芽前翻耕果园土壤，促进残碎病叶腐烂分解，铲除病菌越冬场所。

（二）加强栽培管理

增施肥水，合理控制结果量，促使树势健壮，提高树体抗病能力。科学修剪，特别是及时夏剪，使树体及果园通风透光，降低园内湿度，控制病害发生。土壤黏重或地下水位高的果园要注意排水，保持适宜的土壤含水量。

（三）及时喷药防治

药剂防治的关键是首次喷药时间的选择，应掌握在历年发病前 10 天左右开始喷药。第 1 次喷药，建议选用内吸治疗性药剂一般应在 5 月底 6 月上旬进行，以后保护性药剂与内吸性药剂交替使用，每 10～15 d 喷药 1 次，一般年份需喷药 3～5 次。尽量雨前喷药，选用耐雨水冲刷药剂，喷药应均匀，全面到树冠内膛及中下部叶片。

效果较好的内吸治疗性杀菌剂有：30%戊唑·多菌灵悬浮剂 1 000～1 200 倍液、70%甲基托布津可湿性粉剂或 500 g/L 悬浮剂 800～1 000 倍液、25%戊唑醇水乳剂 2 000～2 500 倍液、10%苯醚甲环唑水分散粒剂 1 500～2 000 倍液、500 克/升多菌灵悬浮剂 1 000～2 000 倍液、50%多菌灵可湿性粉剂 600～800 倍液等。

效果好的保护性杀菌剂有：80%代森锰锌可湿性粉剂 800～1 000 倍液、50%克菌丹可湿性粉剂 600～800 倍液、60%铜钙·多菌灵可湿性粉剂 600～800 倍液、77%硫酸铜钙可湿性粉剂 600～800 倍液或 1∶（2～3）∶（200～240）倍波尔多液等。77%硫酸铜钙可湿性粉剂相当于工业化生产的波尔多粉，使用方便，喷施后不污染叶片、果面，并可与不含金属离子的非碱性药剂混合喷雾。77%硫酸铜钙可湿性粉剂、60%铜钙·多菌灵、波尔多液属铜素杀菌剂，防治苹果褐斑病效果好，但不宜在没有全套袋的苹果上使用（适用于全套袋苹果全套袋后喷施），否则在阴雨时可能会出现果实药害。

第五节　苹果锈病

苹果锈病又称赤星病，俗称“羊胡子”，是一种真菌病害，主要危害苹果、梨、海棠、山定子、山楂等蔷薇科植物的叶片，造成果树早期落叶、果实畸形早落，严重影响果实的外观品质和商业价值。近年来，在全国各大苹果园发生呈现上升趋势，在通辽市各果园都有发生。

一、症状诊断

苹果锈病主要危害苹果树叶片，也危害嫩枝、幼果和果柄。发病初期，叶面初生橘红色斑点，微微隆起，呈纺锤形，后逐渐扩大，发展成直径 0.9～2 cm 的橙黄色病斑，边缘呈红色，发病严重时，每张叶片可同时出现几十个病斑，表面生成细小点粒（性孢子器），性孢子器中涌出带有光泽的黏液。发病到 1～2 周后，叶片背部病斑隆起，后从其隆起处丛生淡黄色细管状物，即锈孢子器。新梢患病初期症状与叶柄相似，后期发病部位凹陷、龟裂，易折断。嫩枝患病初期产生橙黄色梭形病斑，局部隆起，后期病部龟裂，易折断。幼果染病初期产生橙黄色近似圆形病斑，后期变为黄褐色，病斑表面也会产生细管状锈孢子器，导致苹果生长停滞，病部坚硬，多畸形（图 11.18、图 11.19）。

（a）叶面

（b）叶背

图 11.18　苹果锈病发病初期症状

（a）树

（b）叶片

图 11.19　苹果锈病后期症状

二、病原

苹果锈病的病原为山田胶锈菌（*Gymnosporangium yamadai*），属于担子菌柄锈科胞菌纲，是一种转主寄生菌，它只有在两种亲缘关系不同的寄主上才能完成其生活史。在苹果树上形成性孢子和锈孢子，在桧柏上形成冬孢子，以后萌发产生担孢子。苹果树进入休眠时，病原菌要转到柏树上越冬，第二年春天又随风雨传播到苹果树上危害。由于担孢子和锈孢子一年只产生一次，担孢子仅作用于果树，锈孢子仅作用于桧柏，所以苹果锈病一年只感染一次。

三、发生特点

（一）转主寄主

转主寄主主要是桧柏类植物，苹果锈病必须以菌丝体的形态在桧柏类植物表面的锈孢子上越冬，也就是苹果树种植周围有桧柏类植物才有可能会得苹果锈病，转主寄主的密度越大，数量越多，距离苹果园越近，果树染病概率越大。1 km 以内发病概率高达 90%以上；1～2 km 发病概率为 40%～50%；5 km 以上发病概率低于 5%；周围没有桧柏类植物几乎不发病。

（二）气候因素

苹果锈病主要是要通过风雨传播，风是苹果锈病传播的媒介，而雨则是发病的直接原因，只有同时具备这两个因素，锈病才能发生。连续 48～96 h 内降雨达 40 mm 以上，气温到 16～20 ℃的情况下，且附近有桧柏、龙柏的果园很容易引起苹果锈病大面积发病。因此，在每年的 3、4 月份，气温高且雨水充足，给病菌产生、传播和侵染创造了有利条件，加重了苹果锈病的发生。

（三）药物影响

苹果表面喷洒刺激性药物（如波尔多液、有机磷农药等），容易引起苹果锈病。

四、测报调查

1. 调查时间

分别于每年苹果花芽露红期、花期、幼果期和果实膨大期分别调查 2 次。

2. 调查方法

选择代表性的、面积不小于 5 亩、树龄在 5 年以下的苹果园，主要调查叶片发病情况，每株树苗分东、南、西、北、中 5 个方向各固定一个枝梢，分级调查叶片病斑发病情况并记录总叶数、病叶数及相应病级，计算不同时期施药不同时间后苹果锈病的病情指数，将结果填入表 11.8、表 11.9。

表 11.8 苹果锈病果园普查记录表

旗县： 调查地点： 树种：

年度： 调查人：

日期（月/日）	样地编号	样地总株数/株	株号	单株调查				备注
				树龄/年	调查枝条数/个	受害枝条/个	受害率	

表 11.9 苹果锈病发生情况调查表

旗县： 调查地点： 树种（品种）：

年度： 调查株号： 调查人：

调查日期（月/日）	枝号	枝条方向（东/南/西/北/中）	病叶数/片	总叶数/片	病叶率/%	各级病斑叶数（片）						病情指数
						0	1	3	5	7	9	

3. 苹果锈病严重程度分级标准

0 级：无病斑；

1 级：病斑面积占整个叶片面积的 10%以下；

3 级：病斑面积占整个叶片面积的 11%～25%；

5 级：病斑面积占整个叶片面积的 26%～40%；

7 级：病斑面积占整个叶片面积的 41%～65%；

9 级：病斑面积占整个叶片面积的 65%以上。

4. 药效计算方法

发病率（%）=（发病叶片数/调查总叶片数）×100%；

病情指数={Σ（各级病叶数×相对级数值）/调查总叶数×病害最高级}×100%；

防治效果（%）=（对照区病情指数一处理区病情指数）/对照区病情指数×100%。

五、防治技术

（一）转主寄主

管理转主寄主，预防病害。新建果园做好栽植区域的规划设计，果园周围 5 km 范围内无桧柏、龙柏、桧柏育苗地等；果园周围已经有桧柏类树木时，将果园周围 5 km 范围内的桧柏类树木移除。若不能移除时，应在桧柏上喷施相应农药等，防止病菌越冬。当“柏树开花”（柏科植物的枝条上出现鸡冠状的橘红色、琼脂质物质，即“胶花”）时，应该立即剪除柏树上的“胶花”并集中烧毁。

（二）物理防治

在果树幼果时期及时套袋，避免不良天气或者农药对果面造成伤害。套袋时避免果袋破损且要扎紧，避免雨水浸入引发苹果锈病。

（三）药剂防治

针对桧柏类植物，在春季雨前，在桧柏上喷洒石硫合剂或五氯酚钠，可以防止冬孢子萌发。在秋季喷洒氟硅酸液 1～2 次，保护桧柏，防止锈孢子侵染。转主寄主上出现“胶花”时，果园全园喷药处理，此后以 10 d 为一个周期，连喷 3 次，雨水多的时期应适当增加喷药次数。

针对苹果树，在花期前、花期后各喷药 1 次，间隔 10～15 d 喷 1 次，连喷 2～3 次，当苹果发芽至幼果拇指大小时，全树喷药 1～2 次。在后期防治中，如遇雨天或发现叶片有针尖大小的红点应立即喷药处理，防止锈病的扩展。喷药时要做到均匀、细致、周到，喷头孔径要细，药液雾化要好，主要喷施在苹果树嫩芽、嫩叶的背面。药剂交替使用，每 10～15 d 喷 1 次药。为提高药效，药液中加入磷酸二氢钾 800 倍液或有机硅 3 000～5 000 倍液以延长药液附着时间，保证药效。

常用有效药剂有：美度石硫合剂，15%三唑酮可湿性粉剂 1 500～2 000 倍液，10%苯醚甲环唑水分散粒剂 1 500～2 000 倍液，40%氟硅唑乳油 4 000～5 000 倍液，40%睛菌唑可湿性粉剂 5 000～6 000 倍液，25%戊唑醇水乳剂 2 000～2 500 倍液、25%吡唑醚菌酯 3 000～4 000 倍液，30%戊唑·多菌灵悬浮剂 1 000～1 200 倍液，41%甲硫·戊唑醇悬浮剂 800～1 000 倍液，12.5%烯唑醇可湿性粉剂 2 000～2 500 倍液，70%甲基硫菌灵可湿性粉剂 800～1 000 倍液，80%代森锰锌可湿性粉剂 800～1 000 倍液，50%硫悬浮剂 200～300 倍液，50%克菌丹可湿性粉剂 600～800 倍液等。

（四）栽培管理

加强果树栽培管理。新建苹果园时，应尽量选择远离桧柏、龙柏等树木，且栽植不宜过密，对生长密度较大的枝条进行合理修剪，通风透光，以利增强树势，科学合理灌溉，不宜采用大水漫灌的方式灌溉，优选滴灌。提高果园规范化管理水平，不断加强土肥水管理，严格遵循配方施肥。在雨水较多的季节，要适时排水，以便降低果园内的湿度；进入晚秋，要及时清理果园中的落叶，深埋或集中烧毁，尽可能消除越冬菌。若暂时移除不了附近的桧柏时，要及时剪除桧柏小枝上的菌瘿，集中烧毁。

参考文献

[1] 陈汉杰，周增强. 苹果病虫害防治原色图谱[M]. 郑州：河南科学技术出版社，2012.

[2] 剂红彦. 果树病虫害诊治原色图鉴[M]. 北京：中国农业科学技术出版社，2018.

[3] 王江柱，仇贵生. 苹果病虫害诊断与防治原色图鉴[M]. 北京：化学工业出版社，2013.

[4] 曹克强，王树桐，王勤英. 苹果病虫害绿色防控彩色图谱[M]. 北京：中国农业出版社，2017.

[5] 王江柱，徐建波. 苹果主要病虫草害防治实用技术指南[M]. 长沙：湖南科学出版社，2010.

[6] 姜远茂，仇贵生. 苹果化肥农药减量增效绿色生产技术[M]. 北京：中国农业出版社，2020.

[7] 王江柱，解金斗. 苹果高效栽培与病虫害看图防治[M]. 2 版. 北京：化学工业出版社，2019.

[8] 全国农业技术推广服务中心. 主要农作物病虫害测报技术规范应用手册[M]. 北京：中国农业出版社，2011.

[9] 全国农业技术推广服务中心. 农作物有害生物测报技术手册[M]. 北京：中国农业出版社，2008.

[10] 王江柱. 混配农药使用 第一部[M]. 北京：中国农业出版社，2021.

[11] 李青梅，史广亮，姜延军，等. 几种杀菌剂对苹果主要叶部病害的田间药效评价[J]. 农药，2021，60（5）：371-374，381.

[12] 姜鹤，路雨翔，崇晓月，等. 三唑类杀菌剂对苹果锈病的防效及作物安全性评价[J]. 北方园艺，2021（5）：21-27.

[13] 陈军民，常丽娟，赵涛，等. 苹果锈病的发生规律及防治措施[J]. 果农之友，2020（9）：40-41.

[14] 马磊. 苹果锈病严重发生的原因及综合防治技术[J]. 果农之友，2019（11）：20-21.

[15] 杨全保，陈薇. 苹果锈病近年来在甘肃天水发生危害严重[J]. 果树实用技术与信息，2019（9）：30-33.

[16] 董向丽，李海燕，孙丽娟，等. 苹果锈病防治药剂筛选及施药适期研究[J]. 植物保护，2013，39（2）：174-179.

[17] 孙金卓. 苹果锈病发生规律与防治技术[J]. 河北果树，2013（1）：39-40.

[18] 潘换来，范婷，潘小刚. 苹果锈病的发生原因及防治措施[J]. 果农之友，2020（2）：24-25.

[19] 于子涵，高寿利，潘香君. 苹果锈病的发生与防治[J]. 烟台果树，2021（1）：48-49.

[20] 孟丽，杨睿，包育祥，等. 甘肃武山山地苹果锈病发生原因及综合防治[J]. 农家参谋，2021（5）：137-138.

[21] 席永刚. 苹果锈病的综合防治[J]. 甘肃林业，2020（3）：41-42.

[22] 陈军民，常丽娟，赵涛，等. 苹果锈病的发生规律及防治措施[J]. 果农之友，2020（9）：40-41.

[23] 敖特根，常桐，陈晨. 塞外红苹果树梨小食心虫绿色防控技术要点[J]. 内蒙古林业，2020，43（5）：42-44.

[24] 敖特根，白苏拉，常桐，等. 通辽市塞外红苹果病虫害绿色防控技术要点[J].内蒙古林业调查设计，2020，43（6）：45-47.

[25] 翟秀春，孙连娣，李仁贵，等. 开鲁县塞外红苹果绿色防控综合栽培技术初探[J]. 林业科技，2020，45（9）：39-40.

[26] 陈晨. 塞外红苹果科学清园关键步骤[J]. 内蒙古林业调查科技，2020，43（6）：34-35，52.

[27] 陈晨，敖特根，翟秀春，等. 通辽市塞外红果园病虫害普查成果初报[J]. 林业科技，2021，46（2）：51-54.